森林教育

FOREST EDUCATION

大石　康彦
井上真理子　編著

㊤ おもちゃのチェーンソーを使った研修 / ノコギリで木を伐る / 色見本を使った色探し
㊦ 炭焼き / 視覚障害者による樹木観察 / スギ人工林

海青社

さまざまな森林教育の内容

【樹木観察】
小学生による図鑑を用いた樹木調査。木の種類を知ることは、自然環境の展開につながる基礎的な活動。

【樹木測定】
小学生による巻き尺を用いた木の周囲長測定。木のサイズを知ることは、森林資源の展開につながる基礎的な活動。

【散策】
幼稚園生による散策。気ままに森を歩くことは、ふれあいの展開につながる基礎的な活動。

【草木染め】
小学生による草木染め。自然の素材で布地を染めることは、地域文化の展開につながる基礎的な活動。

さまざまな森林教育の場

【身近な自然の中で】
近所の森で、木の枝を拾ったり、花を摘んだり、休むことのない園児。身近な自然も子どもたちにとっては、豊かな体験の場。

【原生的な自然の中で】
やんばるの森（沖縄県）で独特の生物相にふれるエコツアー参加者。原生的な自然の豊かさが、ガイドの解説によって浮かびあがる。

【生活の中で】
風呂やストーブで使う薪を割る山村留学生。普段は気づくことのない、生活を支える資源の価値が実感できる。

【冒険の中で】
雨の中で急斜面を登る小学生。冒険を通じて、自然の厳しさと、仲間と助け合う意味が体感できる。

年齢別の森林教育活動

【幼稚園・保育園】
幼稚園児が取り組むビンゴゲームでは、視覚だけでなく、触覚や嗅覚を使って森林を感じる工夫がされている。

【小学校】
小学校の「SATOYAMAプロジェクト」では、初めて森を訪れる5年生を、1年間活動してきた新6年生が案内する。

【中学校】
中学生の植林活動では、道具や作業に不慣れな生徒を、森林の専門家が支援する。

【高校】
高校生の聞き書き活動では、森林に関わる仕事をしている専門家が様々な質問に答える。

実施者別の森林教育活動

【専門高校】
高校生の演習林実習では、チェーンソーを使い立木を伐採する。

【市民】
森林ボランティア活動では、スギ・ヒノキの植林地に登り、下刈りをする。

【林野庁・国有林】
国有林の公募ツアーでは、森林の価値や森林管理の意義も説明をする。

【特別支援学校】
視覚障害児の森の宝探しでは、地面に落ちている木の実などを見つけだす。

日本のさまざまな森林－天然林－①

【天然林】白神山地（青森県・秋田県）のブナ天然林。白神山地は、広大な面積のブナ林が残されていることで、世界自然遺産に登録された。

【天然林】秋田県のスギ天然林。日本三大美林の一つとされるが、現在では残り少ない希少な存在になっている。

日本のさまざまな森林ー天然林ー②

【亜高山帯林】八幡平（秋田県・岩手県）山頂付近のアオモリトドマツ、コメツガ原生林。深い積雪が作り出した独特な景観がみられる。

【亜熱帯林】沖縄県やんばるのマングローブ林。河口付近でオヒルギが根を伸ばした独特な景観がみられる。

日本のさまざまな森林ー人の手が入った森林ー①

【人工林】よく手入れされたスギ人工林。スギ、ヒノキの人工育成技術は、世界でも完成度が高い。

【里山】木材や落ち葉などを供給し、集落の生活を支えてきた里山には、雑木林やスギ林など多様な森林がみられる。

【雑木林】里山にみられる雑木林は、切り株が芽を出して再び木に育つ萌芽更新により、繰り返し持続的に資源を供給してきた。

【サクラ林】サクラは江戸時代以前から親しまれてきた、日本の文化を代表する木である。

さまざまな森林資源の利用①

【薪・炭】
古代から使われてきた薪や炭だが、現在ではキャンプで目にする程度で、炎を見る機会も限られている。

【ストーブ】
ペレットストーブと木質ペレット。木質ペレットは、ボイラーやストーブへの自動供給ができる、新しい形の木質エネルギー。

【生活用品】
かつては、生活に用いられる様々な道具に木製品が使われ、近隣の森林から用途に合った特性を持つ樹種が選ばれていた。

【家具】
木材は、その美しさや手ざわりなどから再評価され、現代家具などに進んで使われている。

さまざまな森林資源の利用②

【歴史建築】
法隆寺(奈良県)は、現存する世界最古の木造建造物群として世界遺産に登録されている。

【家屋建築】
日本の伝統工法を引き継ぐ木造軸組工法は、日本の気候風土にあった家造りに向いている。

【山菜・キノコ】
山菜・キノコは、各地域における生活文化を構成する存在であったが、現在ではレクリエーションの対象としての側面もある。

【木の実】
木の実は、縄文時代の遺跡から食べ跡が発見されており、古代から食料として利用されてきた。

森林での危険

【スズメバチ】
羽音に注意し、飛来した時は動かずにいるといった対処法を指導することで、被害を防ぐことができる。

【マムシ】
出会ったら棒でつついたり、石を投げたりせず、静かに距離をとることで、被害を防ぐことができる。

【ウルシ】
傘のように開いた葉の柄が赤い。人によってかぶれやすさが違うが、ふれないことが第一。

【ツタウルシ】
林床や立木の、手がとどきやすい場所にある。ウルシよりかぶれやすいので、ツルや葉の柄が赤い特徴を覚えてふれないこと。

森林の災害・被害

【土砂災害】
集中豪雨により、斜面が崩れ、歩道が埋まった。
（2008年8月　多摩森林科学園）

【火山噴火】
伊豆諸島三宅島2000年噴火の跡の雄山山頂付近。立ち枯れた森林と、復旧工事の様子。（2009年）

【獣害】
シカの食害から樹木を守る（知床）。近年、シカが増えることによって、森林の被害が急増している。

【マツ枯れ】
マツノザイセンチュウによるマツ枯れが、全国に広がり、各地でその防除が問題となった。現在は、ナラ類が枯れるナラ枯れの拡大が新たな問題となっている。

森林について学ぶ

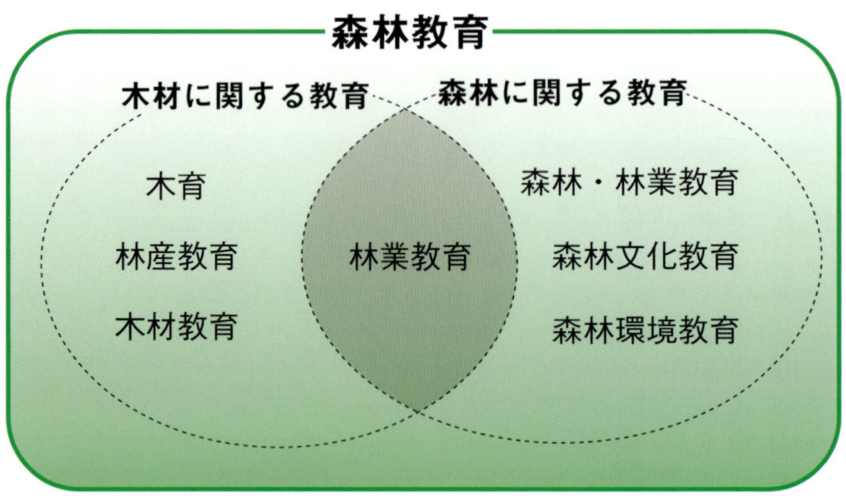

森林教育には、林業教育や林産教育など、専門教育としての意味合いの強いものと、森林環境教育や木育など、広く一般を対象とした教育まで、多様な内容が含まれる。

林業について学ぶ学校

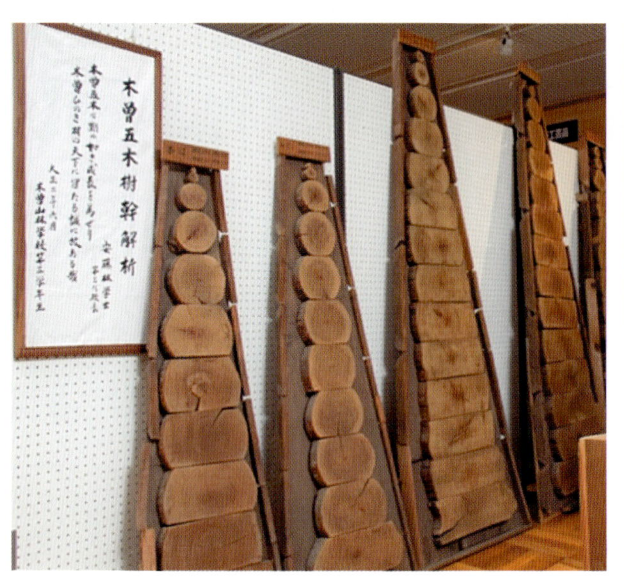

◀木曽五木の樹幹解析標本

▲木曽山林学校
校友会報

林業教育は、明治時代から始まっている。専門高校としては最も古い木曽山林学校(現、長野県木曽青峰高等学校)の資料館。

森林・林業に関する専門高校

森林について学べる学校

森林・林業関連
科目をもつ高等学校 **67** 校

全国高等学校森林・林業教育研究協議会資料

内、林業関連学科 **33** 校

「学校基本調査」平成 25 年度

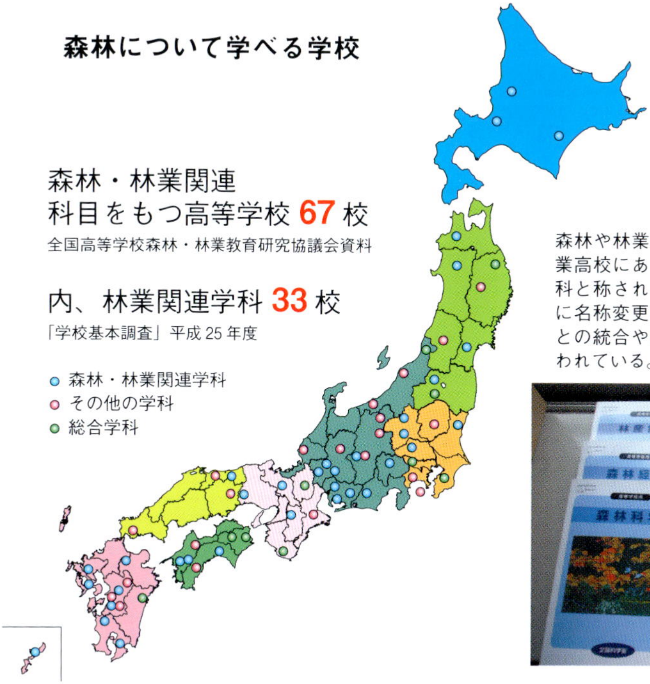

- 森林・林業関連学科
- その他の学科
- 総合学科

森林や林業について学べる専門学科は、農業高校にあり、かつては多くの学校で林業科と称されていた。現在は森林科学科などに名称変更されている他、造園科や土木科との統合や総合学科高校への再編などが行われている。

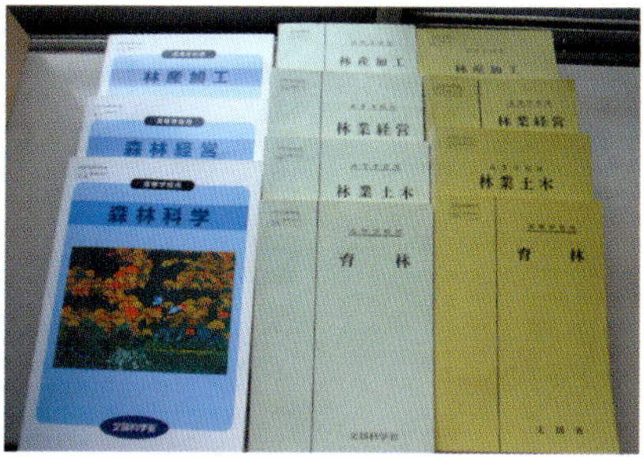

森林教育が含む内容

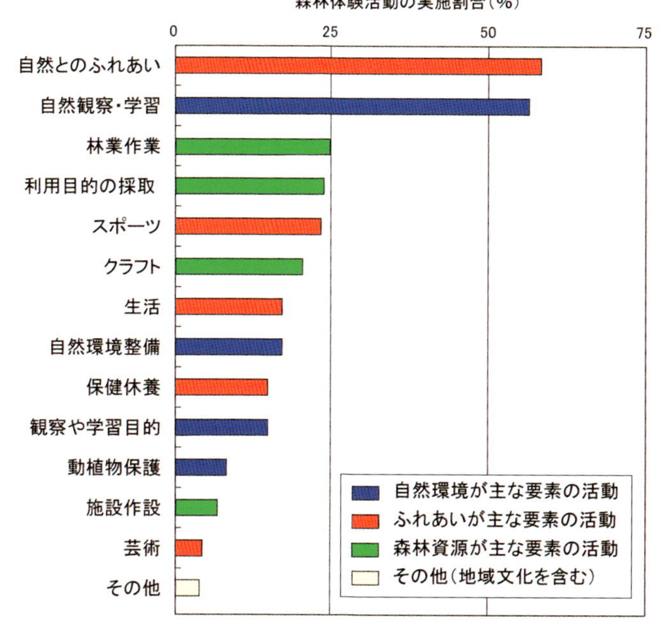

森林教育には、様々な内容が含まれている。森林での体験活動としては、散策などの森林とのふれあいや、自然観察が多く行われている。活動を整理すると本文 65 ページの 40 種類が挙げられた。

森林教育が含む内容の要素

自然環境

森林環境
生態系

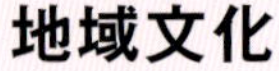

地域文化

地域環境
暮らし

森林資源

資源利用
森林管理

ふれあい

保健休養
野外活動

森林教育の内容は、大別すると(1)森林資源、(2)自然環境、(3)ふれあい、
これらを含む(4)地域文化の４つの要素に分けられる。

木について学ぶ教材

木にふれながら樹種の違いを学ぶ教材。裏面に樹木名がついている。(知床キャンプ場にて)

はじめに

日本の国土面積の7割が森林におおわれていることをご存知だろうか。世界の陸地に占める森林の割合は3割にとどまっていることを考えれば、私たちは格段に森林に恵まれている。近代化された私たちの暮らしのなかでも、木材の消費量は思いのほか多く、その供給源は森林である。災害の防止や、快適な生活環境のためにも森林の存在は欠かせない。ところが、日常生活は森林とかかわることなく成り立っているというのが、街に暮らす人々の感覚なのではないか。なくてはならないのに意識には上らないという意味で、森林は空気や水とよく似た存在である。

一方、森林には所有者や管理者がおり、私たちが森林の資源や環境を享受する過程にも林業や林務行政などさまざまな人々が関わっているのだが、そのことはあまり知られていない。こういった森林の関係者には、木材資源の供給や防災、環境保全などのために森林を守り育てていることを理解してほしいという思いもあり、森林教室や林業体験といった活動への取り組みには、このような背景がある。

一般市民にとっての森林は、林間学校でのキャンプや登山の思い出のなかにあるものかもしれない。教育においても自然体験活動が青少年の心身をはぐくむことが知られており、学校教育のみならず自然の家や自然学校などでの森林体験活動が幅広く取り組まれている。森林の野生生物観察や環境保全の活動も、各地域で身近なものになっている。

この他、森林から資源や環境の効用を引き出すためには、専門の知識や技術が必要となる。森林や林業の専門家を育成するための専門教育は、1882年の東京山林学校設置に始まり130年余りの歴史を刻んでいる。

本書の編著者は、いずれも1990年代半ばから森林および木に関する教育的な活動である森林教育の実践や研究に取り組んできたが、この間、多くの実践現場で、数え切れないほどの笑顔に出会うことができた。活動が予定どおり進まず、苦しい思いをしたり、冷や汗をかいたりしても、活動を終えれば、いつもやってよかったという実感があった。

一方で、森林の関係者にありがちな教育に対する理解不足、教育の関係者にみられる森林に対する距離感といったものに翻弄され続けてきたことを告白しなければならない。例えば、子どもたちを対象とした厳しい林業体験の感想文に「将来自分は林業の仕事にはつきません」と書く子がいたり、「木を植えるのは良いこと、木を伐るのは悪いこと」といった画一的な話をする先生がいたりして、もどかしい思いをすることも少なくなかった。

このようなことから、森林教育の全体像をとらえる必要性を切実に感じていたのである。森林教育は幅が広く、奥が深い。さらに発展していく余地も大きい。そんな森林教育の全貌を一枚の曼荼羅に収めてみたかったのであるが、現実には一冊の本におさめることも困難なことであった。本書が、森林教育がさらに発展する道程の一里塚になれば、幸いである。森林教育が森林関係者、教育関係者のいずれからみても身近なものであってほしい、多くの人々に森林での豊かな体験を通じて深く広く学んでほしい、という一念が届くことを願うものである。

本書では、森林教育の基礎的な理論から活動実践のノウハウや事例まで幅広い内容を扱うことで、森林教育に第一歩を踏み出そうとする方々、既に実践に取り組まれている方々の背中を押したいと考えた。森林教育をとらえる軸として、森林教育の内容（森林資源、自然環境、ふれあい、地域文化）と森林体験活動に必要な要素（森林、学習者、ソフト、指導者）の2つがあることを念頭に置いて読み進めていただけるとよいと思う。さらに、森林関係者の教育への理解、教育関係者の森林に対する理解を深めるために、教育と森林に関わる基礎的な事項を取り上げた。また、本編には書き込めなかったトピックをコラムとして挟み込むこととした。筆者らの熱い思いを受けとめてほしい。さあ、森へ行こう。

2015年1月　大石 康彦

森林教育

目　次

第Ⅰ部　理論編

第Ⅱ部　実践・活動編

●コラム

●参考

第Ⅰ部　理論編

森林教育とは

これまでさまざまな森林での教育活動が行われてきている。1999年に森林環境教育が提唱されているが、森林・林業の学問分野では、森林に関する教育を体系的にとらえてきてはいないのが現状である。現在、大学の森林科学科などでは、森林教育学や森林環境教育演習などの授業が行われている例もあり、森林での教育活動に関わるさまざまプログラム集などの書籍が発行されている。また、林業の専門教育の実践は、明治以降130年に及ぶ歴史をもち、林業技術者の養成などに貢献してきている。教育活動としての実践が行われている一方で、森林という自然を相手にした学問体系のなかで、教育をテーマとした研究は少数であり、森林科学の分野として森林教育が確立されている訳ではない。木材に関わる林産教育には中学校技術科教育があるものの、教育が研究テーマとなりにくい状況に変わりはない。そのため、「森林教育とは何か、その目的や内容は何か、教育手法は」など、人によって解釈はさまざまである。

そこで本書は、森林や木に関わる教育を体系的にとらえることをねらいとする。森林教育は、森林科学および教育学にまたがる学際的で新しい学問のテーマである。森林科学の学問の基礎をふまえた実践的な学問(実学)であり、さらに自然科学と人文・社会科学をつなぐ内容にもなっている。本書は、これから学習をする人のための入門書であるだけでなく、既存の学問の枠を超えて新たに森林教育をとらえようとするわれわれ研究者にとっても第一歩であり、第Ⅰ部理論編は、森林教育とは何かを探る試みである。

漠然としている森林教育をとらえるには、まず、森林教育の全体像を把握する必要がある。そこで、森林教育をひとまず「森林および木に関する教育的な活動の総称」と広くとらえ、内容を整理しながら、本書での定義を第4章でまとめることとする。「森林および木に関する」としたのは、森林教育が林業の専門教育と林産教育を由来としてもつためである。森林教育の内容を細かくみれば、森林生態系について学ぶ理科的な知識が背景としてあり、木材を加工して製品を製作するために道具の使い方などの技術も必要であるなど、多様な内容が含まれている。こうした幅広い教育内容を含め、森林および木をキーワードとして教育の内容の整理を試みる。また「教育的な活動」ととらえたのは、森林や林業業界では、林業普及活動がこれまで大きな役割を占めてきており、両者の区別は難しいことから、教育か普及かを区別せずに広くとらえたためである。森林教育について、森林とは何か、教育とは何かをふまえた上で定義を試みたのが、第Ⅰ部理論編である。

第Ⅰ部の構成

第1章「森林教育とは」では、森林環境教育や、明治時代から始まる林業教育の専門教育等の歴史について整理する。

第2、3章では、「教育の考え方」、「森林を理解する」として、教育学、森林科学の知見をもとに解説する。それぞれの学問領域の内容は幅広く、各種の事典が編纂されているほどである。本書では、学際領域を扱う森林教育の基礎として、それぞれの考え方についての基礎的な事項を概説する。教育学は、学校教育（教科教育）や家庭教育、社会教育や生涯教育、特別支援教育や幼児教育、さらに教育心理学や教育哲学、教育社会学などの学問体系を含む。また森林科学については、多面的な機能をもつ森林について、科学的に把握するための森林生態学、国土の災害を防ぐための砂防学、森林レクリエーションなどを含む風致学、森林資源の活用技術である木材加工を含む林産科学などを含んでいる。

第4章「森林教育の目的と内容」では、これまでの内容をふまえ、森林教育の内容とねらいについて整理を試みる。

さらに第5章「森林教育を実践するための考え方」では、実際に森林教育活動を行うために必要な理論として、教育現場での森林体験活動の構成要素、教育活動を実践するためのプランニングやマネジメント、体験学習法、評価の考え方、関係者との連携の仕方について整理する（具体的な方法は、第Ⅱ部参照）。

第Ⅰ部理論編は、まさに今、産声をあげようとしている「森林教育学」を指向した最初の一歩として、「森林教育」の全体像をとらえるための理論的内容の整理を試みる。

（井上真理子）

第1章　森林教育とは

森林教育がどのようなものであるかとらえるために、まず第1章では、森林教育の現状を、明治時代に始まった学校教育としての林業教育から歴史をひも解き、森林環境教育の提唱から現在に至る流れを整理する。

森林教育を「森林および木に関する教育的な活動の総称」と広くとらえると、関連する教育の用語としては、「林業教育」、「森林・林業教育」、「森林文化教育」、「森林環境教育」、「林産教育」、「木材（加工）教育」、「木育（もくいく）」などが使われてきた。大学の専門分野で分けると、森林や林業など主に川上の山側を対象とした森林科学（林学）を中心とした教育（「林業教育」、「森林・林業教育」、「森林文化教育」、「森林環境教育」）と、伐出した木材を加工、利用する主に川下側を対象とした木質科学（林産科学）を中心とした教育（「林産教育」、「木材（加工）教育」、「木育」）とがある。両者は関連しているが、一方が自然や環境に関する生態系などの知見を必要とするのに対して、一方は機械加工などの技術的知見を必要とするなど、背景となる専門的知識を異にする分野も含んでいる。

本書では、主に森林や林業など主に山側を中心としてとらえており、木材に関する教育については補足的に整理している。

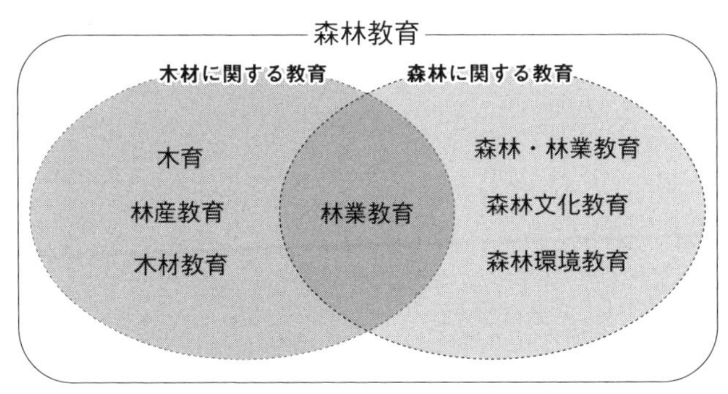

森林・木に関する教育

1.1　森林教育をめぐる社会的な背景

森林は、21世紀に入ってから、教育の場としての役割がますます期待されるようになり、さまざまな体験活動が活発に行われている。都市住民が週末を利用して森林ボランティア活動を行うことも珍しくない。余暇を利用して、森林インストラクターの資格(森林レクリエーション協会主催)をとり、森林でのガイドを行っている方も多く、森林での心身の療養を行う場もできてきている。また近年は、若者も含めて登山ブームでもある(おしゃれなファッションに身を包んだ山ガールの出現)。さらに、熊野古道(2004年)や富士山(2013年)の世界遺産登録などもあり、若い女性を中心に神社仏閣などのパワースポット巡りが流行し、鬱蒼とした森林に囲まれた神聖な場所に行く人も増えている。その他にも、エコツアーやグリーン・ツアー、地域おこしやI・Uターン、聞き書き(森の聞き書き甲子園の取り組みなど)、産直野菜や援農ツアーなど、みどりが多い地方へ関心が向く事例は数多くみられる。地球環境に配慮した生活(エコ)志向は、エコカーへの支援(減税2009年〜)や木材利用ポイント制度(2013年〜)に限らず、さまざまな商品の売りになっており、CSR(企業の社会的責任)では、自然学校や子どもたちへの環境教育活動を含むさまざまな環境貢献活動が行われている。20年ほど前までは、林業のイメージは、汚い、きつい、危険の3Kと言われていたが、今や高性能林業機械を自由自在に扱う林業作業やチェーンソーワークがカッコいいと言われ、林業をテーマにした小説がベストセラーとなり、映画化された(『Wood Job!(ウッジョブ)〜神去なあなあ日常〜』2014年公開、原作：三浦しをん『神去なあなあ日常』)。自然への憧れや自然を志向する時代になってきている。

その一方、都会では、公園以外で自然や樹木、みどりにふれる機会が一層少なくなってきているのもまた事実である。家では、庭木の手入れや日曜大工で木造家屋の修理をする必要はほとんどなく、鉛筆を削る機会も滅多にない。ゲームやインターネットなど室内での遊びやテーマパークなどが整っており、外で自由に遊びまわれる草地や空き地は少なくなっている。木を伐ったり、刃物を持つ機会もなく、焚き火も許可をとらなければ行いにくい。都市の生活環境の中では、自然とふれあう機会は少ない。

自然に親しむ機会が少ない現代の子どもに対して、教育業界では、自然体験活動に積極的に取り組む動きが出てきている。北欧(デンマーク)で始まった森の幼稚園の活動は、森林の中で子どもたちが五感を使って活動をするなかで、心身を養い、社会性を育む活動として、日本でも盛んになってきている(ヘフナー 2009)。文部科学省は、学校教育のなかに自然体験活動を積極的に取り入れることを推奨し、農林水産省と文部科学省、総務省との連携による「子ども農山漁村交流プロジェクト」として、全国の小学校5年生(約120万人)が1週間程度農山漁村に滞在して集団宿泊や自然体験活動をする取り組みを2008年から始めている。また林野庁では、森林環境教育や木育を推進し、森林や木にふれ、親しむ活動を推進し、さらに地球環境問題を背景に、持続可能な社会を実現するために、循環型資源である木質バイオマス資源の有効活用の推進も目指している。

このように、森林を活動の場とした環境教育や、木と親しみ活用するための教育活動が、森林や林業の業界だけではなく教育業界や一般社会からも大きな関心を集めている。こうした背景から、どのように森林教育をとらえ、実践すればよいのか、活動場所はどこにあるのか、指導者はいるのかなど、実践を通じたさまざまな課題がみえてきているのが現在の状況といえであろう。

森林や林業をめぐる教育の歴史は、国内外で環境教育が盛んになる以前に、明治時代から専門家を育成するための専門教育として、また現在の中学校技術科教育につながる普通教育として取り組まれてきた。林業教育は100年以上の実践の歴史をもちながら、森林教育は学問の裏付けがなされている訳ではない。森林教育は、自然科学と人文社会科学の境界領域を担う新しい学問分野として、実践的な応用科学として、体系化が求められている古くて新しいテーマと言える。

漠然とした森林教育をとらえるため、広く「森林および木に関する教育的な活動の総称」ととらえ、内容を整理する。

1.2　森林教育をめぐる歴史

1.2.1　「林業教育」の始まり

(1) 明治時代から昭和初期の「林業教育」

学校教育における森林教育は、明治時代の専門教育としての「林業教育」から始まっており、時代の変化に伴い幅広く展開してきた。産業振興が課題であった明治時代に、ドイツに学んだ留学生が帰国し、資源の育成を担う技術者を養成するために、「林業教育」が取り組まれた。学校教育は、1872(明治5)年に学制が頒布されたが、林学など実業教育については含まれていなかった。1874(明治7)年に内務省地理領内山林課設置(1881年に農商務省山林局に改編)などが行われ、林業専門知識の修得者が求められるようになり、ドイツ留学から帰国した松野磵(はざま)が中心となり、1878(明治11)年に樹木試験場(西ケ原)設置、1882(明治15)年に東京山林学校が設立された(塩谷 1986)。森林管理の技術者養成を中心とした専門教育が行われ、公務員を中心に養成され、今日の大学や専門高校の森林、林業の専門教育につながっている。明治中期には、森林の管理に必要な人材(1,885人)に対して、専門教育を受けて技術者になったのは172人にすぎず、林業教育推進の必要性が指摘されている(農林水産奨励会 2010)。

大学教育をみると、次のようになっている。東京山林学校は、1886(明治19)年に東京農林学校林学部、1890(明治23)年に帝国大学農科大学林学科となった。また、1903(明治36)年専門学校令制定により、盛岡高等農林学校(1905年)、札幌農学校(1903年)、鹿児島高等農林学校(1908年)が設立され、さらに第一次世界大戦後の大正時代には、北海道帝国大学農科大学(東北帝国大学農科大学と札幌農学校を母体)、九州帝国大学農学部林学科、京都帝国大学農学部林学科、高等農林学校(鳥取、三重、宇都宮、岐阜、宮崎)が設立され、昭和初期に農林専門学校(山形、長野、京都、松山)が増設された(茂山 1964)。

現在の専門高校の起源をみると、1899(明治32)年に最初の山林学校として木曽山林学校(林業科)(**写真1-1～3**)が設立し、続いて同年の実業学校令により、山林学校が農業学校に含まれ府県立を原則とすることとなり、愛知県立農

写真 1-1
長野県木曽山林学校　交友会報

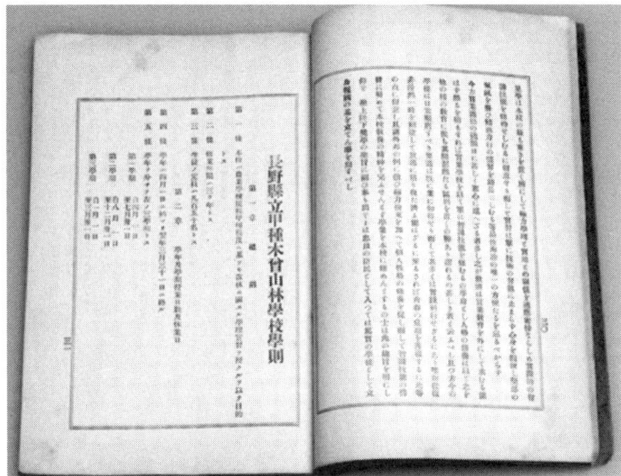
長野縣立甲種木曾山林學校學則

写真 1-2
長野県木曽山林学校の要覧

写真 1-3
木曽五木の樹幹解析標本

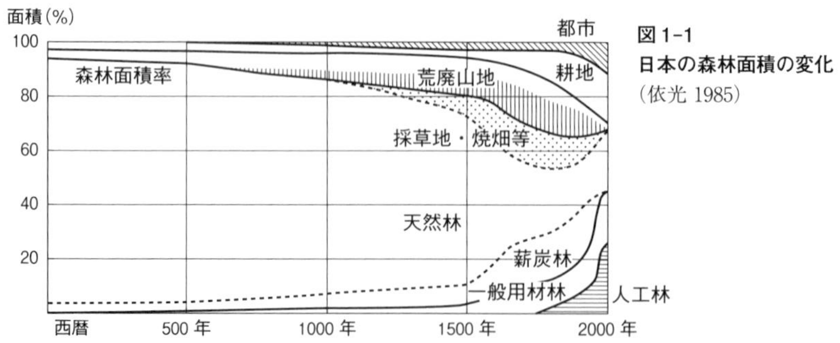

図 1-1
日本の森林面積の変化
(依光 1985)

林学校(林科)、新潟県立農林学校(林科)、大分県立農業学校(林科)が設立した(茂山 1964)。

また、明治時代から普通教育を行う学校における森林活動として学校植林が開始されている。日清戦争後の1895(明治28)年に行われた「学校植栽日」の訓示から、国が学校林を推奨するようになった。植栽活動を通じて、郷土愛や愛国心、経済上の利益(学校の財産の形成)と、水源涵養が目的とされ、日露戦争後に数が増加した。明治後期は、木材需要の増大、洪水の多発などにより、植林が求められた時期でもあった(**図 1-1**)。さらに1934(昭和9)年の「愛林日」設置、1940(昭和15)年の皇紀2600年記念などにより、学校植林は本格的に実施されてきた。学校林は、森林での活動を通じた子どもたちの育成を目指した教育目的に加えて、学校財産として、学校の増改築の際などに経済上の役割も含んでいた(**写真 1-4**)。

学校教育の内容でみると、小学校では、実業的教育として、林業を含む「農業」(1881年〜)、フランスに見習った「手工」(1886年〜)が取り入れられた。現在の技術科教育につながる教育内容であり、初等、中等教育としても、職業、農業、手工など、木材を活用する技術や、産業としての林業が教えられてきた。

(2) 戦後の「林業教育」

第二次世界大戦後には、荒廃した国土の復興造林や木材需要が増大し、林業技術者の養成が急務であった。1947(昭和22)年に学校教育法が公布され、六・三・三・四制が確立し、翌年には教育基本法が公布された。新制大学は、林学科を置くものが私立を含め25校(北海道、岩手、山形、宇都宮、東京、東京農

写真1-4
演習林での植林風景(昭和初期)

工、東京教育、東京農業、日本、新潟、信州、静岡、名古屋、岐阜、三重、京都、京都府立、岡山、鳥取、島根、愛媛、高知、九州、宮崎、鹿児島)設立され、専門高校では、林業科やコースをもつ学校が94校(1951年)、農林コースをもつ学校が11校設立された(茂山 1964)。専門高校では、増産体制の林産業を背景に学生が集まり、卒業生は中堅技術者、地域のリーダーとしての期待と評価が高かった。学習指導要領に定める林業は5科目(林業一般、森林生産、林産加工、森林土木、林業経済)であった(**表1-1**)。

学校林は、戦後の復興期に荒廃した国土の緑化に貢献し、1947(昭和22)年には「愛林日」が復活して緑化活動が勧められ、全国で5,000校以上(1938年)の規模で取り組まれた。学校林が5カ年で4.6万ha造成された。

小・中学校では、戦後新しく創設された社会科で森林資源の積極的開発、利用を中心とした学習、林業の学習が行われた(小学校5、6年)。1950年代は、産業としての林業が盛んに教えられた時期であった。中学校では、「職業」(1947年～)、「職業・家庭」(1951年～)が設置され、林業が取り扱われていたが、教科「技術・家庭」(1958年～)が設置されると、職業指導の要素は進路指導に移行され、中学校で開講されていた職業の科目はなくなっている。

1960年代の高度経済成長期に入ると、大幅な産業構造の変化や、木材不足解消のための外材輸入がスタートする。林業が低迷し、小学校の社会科での林業の学習の扱いは縮小した。1970(昭和45)年の学習指導要領では、専門高

表 1-1 専門高校における森林・林業科目の変遷

学習指導要領改定年	1949 年（昭和 24 年）	1952 年（昭和 27 年）	1956 年（昭和 31 年）	1960 年（昭和 35 年）	1970 年（昭和 45 年）
森林・林業科目	林業一般	林業一般	林業一般	林業一般	林業一般
	森林生産 森林土木	森林生産 森林土木	森林生産 森林土木	育林 伐木運材 砂防	育林 伐木運材 砂防 林業機械
	林業経済	林業経済	林業経済	森林経理・法規	測樹 林業経営
	林産加工	林産加工	林産加工	林産製造 木材加工	林産製造 木材加工 木材材料
森林・林業科目数	5	5	5	7	10
森林・林業の内容を含む科目（関連科目）	総合農業	総合農業	総合農業 農林測量	総合農業 総合実習 （測量）	総合実習 （測量）
農業科目合計数	15	15	14	48	54

学習指導要領改定年	1978 年（昭和 53 年）	1989 年（平成元年）	1999 年（平成 11 年）	2009 年（平成 21 年）
森林・林業科目				
	育林 林業土木	育林 林業土木	森林科学	森林科学
	林業経営	林業経営	森林経営	森林経営
	林産加工	林産加工	林産加工	林産物利用
森林・林業科目数	4	4	3	3
森林・林業の内容を含む科目（関連科目）	（総合実習） （測量）	（総合実習） （測量） （課題研究）	環境科学基礎 （総合実習） （測量） （課題研究） （グリーンライフ）	環境と農業 （総合実習） （測量） （課題研究） （グリーンライフ）
農業科目合計数	30	36	29	30

写真 1–5
学習指導要領および専門高校の森林・林業科目の教科書の変遷

校の森林・林業関連科目が、戦後最大の10科目(育林、伐木運材、砂防、林業機械、測樹、林業経営、林産製造、木材加工、木材材料、林業一般)設置され、木材加工業の発展を受け、標準的な学科として、林業科とともに木材加工科が加わった(**写真 1–5**)。

1.2.2　「森林教育」の多様化――「森林環境教育」、「木育」の登場

(1) 産業構造の変化と多面的機能重視の時代

産業構造の変化に伴って、産業としての林業に陰りがみえ始めた時期には、学校教育も転換点を迎えた。高度経済成長期には、教育の拡大や国民の教育水準の向上が目指され、知識教育が重視されていたが、受験戦争の激化や学歴社会の弊害としての校内暴力などが社会問題化し、知識の詰め込みから、ゆとり教育へと転換した。1977(昭和52)年の学習指導要領の改訂で、教育内容の削減が図られた。林業に関する内容では、小学校社会科の教科書から産業学習としての「林業」の記述が削減された。学校林においては、学校建設への補助体制が確立されてゆくとともに、財産としての学校林としての役割が弱まり、放置されるようになっていった。日本での林業、林産業の衰退とともに、教科書の記述の削除が象徴するように、林業教育も徐々に後退していった。

高等学校では、人気は農業高校から工業高校へ、さらに高学歴化により普通科志向へと変わり、農業高校への入学志望者が減少していった。1978(昭和

53)年の学習指導要領の改訂で、科目数は大幅に削減され、森林・林業の専門科目は4科目(育林、林業土木、林業経営、林産加工)になった。

その一方、公害問題の激化するなか、公害教育や自然保護教育、それらの流れをくむ環境教育が注目されるようになった。森林に対して、環境の保全や森林の公益性に対する一般社会からの要請が高まるようになってきた。森林浴の用語も登場し、森林でのレクリエーションが楽しまれるようになってきた。教科書に林業の記述が復活した平成元(1989)年度版の学習指導要領では、国土の単元に森林資源が取り上げられ、森林の公益的機能が着目されるようになり、産業としての林業から環境の役割として森林が教えられるようになった。

この時期、林業普及事業として青少年や一般の市民が森林や林業に対する理解を深めるための活動が取り組まれるようになってきた。林業普及指導事業は、戦後、林業の知識や技術の普及を行うものであるが、林業が直面する課題に対応するために普及制度の検討を行った1977年の答申では、林業技術者以外にも青少年など幅広い対象に啓蒙・指導を果たすことが盛り込まれた。一般市民を対象とした森林や林業問題の普及啓発活動、森林教室、ふれあいの森林(もり)づくり、国民参加の森林づくり、都市と森林地域との交流などが推進されてきた。こうした動きを受けて、社会教育として一般市民が森林に関わる活動も始められるなど、現在の森林ボランティア活動の芽生えがみられるようにもなってきた。

1980年代には、こうした新たな動きに対応した教育の用語として「森林・林業教育」や「森林文化教育」などが使われるようになってきた。1990年代に入ると、一般の人々に対する森林の教育活動に関する書籍が数多く刊行されるなど、一般市民に対する森林や林業の普及や教育活動が盛んに行われるようになった(**写真1-6**)。

地球環境問題の激化から、環境教育が盛んになってきたことも、森林の分野における普及・教育活動の推進に影響している。「環境教育」は、1972(昭和47)年の国連人間環境会議(ストックホルム会議)で提起され、1992(平成4)年の環境と開発に関する国際連合会議(リオデジャネイロで開催された地球サミット)で採択されたリオ宣言の行動計画であるアジェンダ21では、教育や意識の啓発の必要性が強調されることとなった。教育の分野では、日本環境教育

写真 1-6
森林教育に関する書籍
(1980～1990年代)

学会(1990年)や日本野外教育学会(1997年)が設立され、環境省から「環境教育指導資料」(1991年)が刊行されるなど、環境学習の活動が盛んになった。さらに1997(平成9)年の環境と社会に関する国際会議(テサロニキ会議)では、持続可能性(Sustainability)の概念を取り入れ、環境だけではなく、広く貧困や人道、健康、食糧の確保や民主主義、人権、平和をも包含する広義の環境教育へと拡張が図られ、21世紀のESDへとつながってゆく。

(2)「森林環境教育」の提唱

1999(平成11)年は、一般市民に対する森林・林業の普及や教育の大きな飛躍の年となった。中央森林審議会の答申で、初めて「森林環境教育」が提唱され、「森林・林業白書」(平成14年度)では、「森林内での様々な体験活動等を通じて、人々の生活や環境と森林との関係について理解と関心を深める」とされている。「森林環境教育」の提唱をきっかけに、21世紀に入ると、国有林を含めさまざまな主体による森林や林業の普及・教育活動が活発化する。

一般市民などを対象とした「森林環境教育」が盛んになる一方、専門技術者を養成してきた「林業教育」も変化してきた。専門高校では、平成元(1989)年の学習指導要領の改訂に伴い学科改編が加速し、林業科だった学科が、他学科との統合や普通科等への再編、さらに森林や環境、グリーンなどが付く名称へ変わった(**図 1-2**)。大学においても、林学科から環境などの名称がつく学科へと再編が行われている。専門高校では、さらに1999(平成11)年の学習指導要

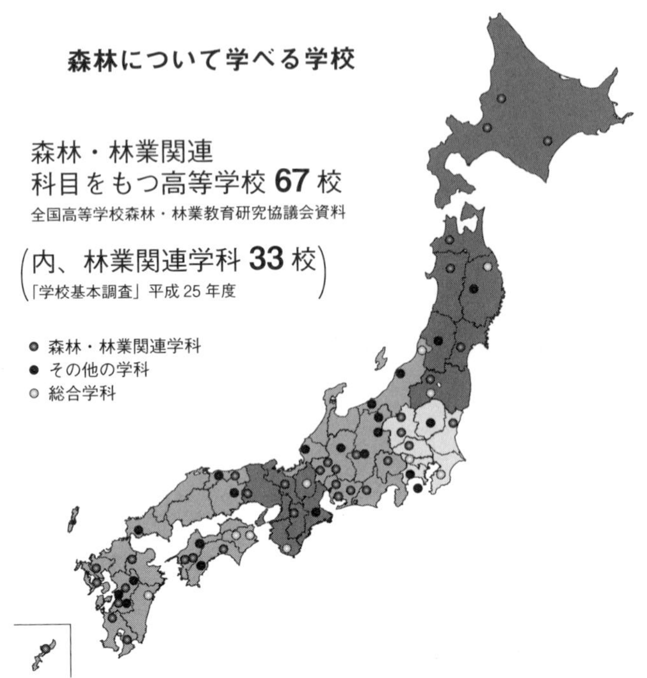

図 1-2　専門高校の配置図

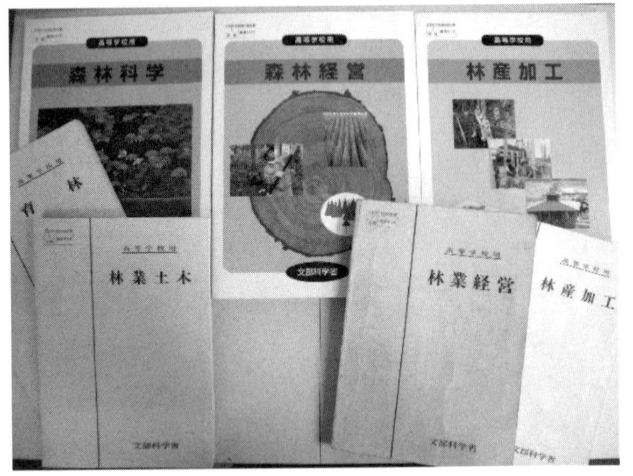

写真 1-7
専門高校の森林・林業関連科目の教科書

領改訂で、職業教育が就職を想定した完成型の教育から、進学も視野に入れた基礎教育としての専門教育となり、教育目標に技術者養成が明記されなくなった。森林・林業の専門科目は、「森林科学」、「森林経営」、「林産加工」となり、林業技術に関する内容に加えて、広く森林や環境の内容も盛り込まれるようになった（**写真 1-7**）（2013 年からは「林産加工」は「林産物利用」に変更）。

(3) 21 世紀における展開

「森林環境教育」は、21 世紀に入ると積極的に展開されるようになった。林野行政の取り組みに加えて、その背景には、国際的な地球規模での環境問題への取り組みや京都議定書の二酸化炭素削減の取り組み、さらに学校教育での環境教育の推進も挙げられる。

「森林・林業基本法」（2001 年改正）では、林業の持続的発展のために、森林および林業に対する国民の理解を図ること（第三条）、さらに国が「国民の森林及び林業に対する理解と関心を深めるとともに、健康的でゆとりのある生活に資するため、都市と山村との間の交流の促進、公衆の保健又は教育のための森林の利用の促進」を図ること（第十七条）が明記された。林業技術の普及（第十四条）、林業経営を担うべき人材の育成及び確保（第二十条）、林業労働に従事する者の職業訓練（第二十一条）などに示される専門教育に加えて、一般の人々の教育のための森林の利用が法律上明記され、森林管理局等で森林に親しむふれあい事業が盛んに行われるようになった。さらに、木に触れ木を使うことで木や森林との関わりを考えられるようにするための取り組みである「木育」が北海道で提唱され、「森林・林業基本計画」（2006 年）に「木材利用に関する教育活動（木育）の促進」と明記され、国産材の利用促進とともに「木育」も推進されるようになってきた。

学校教育では、2002（平成 14）年度から施行された「総合的な学習の時間」や「学校週 5 日制」、自然体験など体験活動の重要性が言われている。「総合的な学習の時間」とは、自ら学び、自ら考える力を育成し、学び方や調べ方を身に付けることをねらいとした授業で、文部科学省が例示した 4 つの内容（国際理解、情報、環境、福祉・健康など）の 1 つとして、環境が示されている。学校教育のなかで林業体験が実施される例も多い。

環境教育は、法律のなかで明文化された「環境の保全のための意欲の増進及び環境教育の推進に関する法律」(2003年)が制定され、2011年には改正法「環境教育等による環境保全の取組の促進に関する法律」(環境保全活動・環境教育推進法)が公布(2012年施行)されている。また、学校教育でも、「教育基本法」(2006年改正)で、教育の目標の1つとして「生命を尊び、自然を大切にし、環境の保全に寄与する態度を養うこと」)(第二条第四項)が新たに盛り込まれ、「学校教育法」(2007年改正)では、義務教育の目標の一つとして、自然体験活動の促進や環境の保全に寄与する態度を養うことが掲げられている。

自然での体験活動が推進されるなかで、学校林は、さまざまな体験活動が行われる教育活動や学習の場として、新たな活用が行われるようになってきた。学校林は、2012年の学校林調査(国土緑化推進センター)によると、2,677校(全小中高校数の約7％)にあり、面積17,777 haとなっている。また林野庁では、森林環境教育の推進に寄与することを目的として、「森林・林業基本法」(2001年)での「緑化活動その他の森林の整備及び保全に関する活動」(第十六条)に対する推進施策として、「学校林整備・活用推進事業」(2002年)を開始し、国有林を、学校などが森林管理署と協定を締結することで学習のフィールドとして活用できる「遊々の森」制度(2002年～)をスタートさせた。「遊々の森」は、175か所7,382 haに広がっている(2011年)。2007年からは、小学校等が総合的な学習の時間等において森林での学習活動、体験活動を広めてゆくために、「学校林・遊々の森」全国子どもサミットが開催されている(2014年8月には、後継事業「学校の森子どもサミット」が開催)。また、「森の子くらぶ」のプロジェクトは、学校外での活動を支援するために、文部科学省との連携により、次代を担う子どもたちへの森林環境教育や、学校外での森林体験活動等を通じて子どもたちの「生きる力」を育むため、子どもたちが森林に出会い、森林に興味をもちながら森林でのさまざまな体験活動を行う機会を広く提供することを目的として実施されており、自然観察や林業体験を行うことができる404施設(2011年)が登録されている。

さらに中学校技術科(技術分野)では、学習指導要領改訂(2008年)で、「材料と加工」の単元で木材加工が行われることの他に、新たに「生物育成」の単元が加わり、木質資源の栽培から加工の教育を展開できる可能性がでてきている。

コラム　「森林教育」は大切！？

森林教育（または環境教育）を研究していると自己紹介すると、ほとんどの方が重要さを認めてくれる。日本人の誰でも教育を受けた経験があり、理解しやすく、社会的なニーズのあるテーマであり、なじみのないテーマを研究しているよりも理解が得やすいのかもしれない。その一方、悩みも深い。教育に対して、誰もが自らの経験に照らして意見をもっているものらしく、教育の話題になると、多くの人が「（森林）教育は、……べきである」と持論を展開され始める。森林教育の研究を手探りで始めた当初、そうして多くの諸先輩方から持論を数多く聞かせて頂くことになった。

そして気付いたことがある。「森林教育」は人によってイメージが異なり、その人の信念は、万人に共通ではないということ。実際に聞いた話。ある人は「林業を体験してもらうことが大切。林業作業の大変さを知るためには、今日の作業ノルマを何としても終わらせなければ……」、また別の人は「自然を理解することが大切。小さな頃から図鑑を手にして、学名を覚えなければ……」。そして多くの方に共通するのは、自分の信念以外の活動を認めたがらないこと。いわく、「森林で遊んでばかりいるのはけしからん」、「樹木を暗記させるだけでは、子どもたちの五感が育たない」など。森林教育の研究が盛んになり10年経つ今日、さすがにこうした発言を耳にする機会は少なくなった。

図は、当時の様子を再現したものである。真ん中左側の人物は、困惑する自分をイメージしている。「森林教育とは何か」をめぐる旅（研究）は、ここからスタートしている。本書は、こうした経験をふまえながら、「森林教育とは何か」を追い求めた思索の旅の成果をまとめたものである。　［井上］

1.3 森林教育をめぐる現状

ここまで、森林教育をめぐる歴史を「林業教育」や林野行政、教育行政などをふまえてふりかえってきた。さまざまな背景や関連する内容が盛り込まれて多様化してきていた歴史をもとに、森林教育についてまとめる。

学校教育がスタートした明治時代にさかのぼると、産業振興のための技術者養成として、ドイツに学んだ「林業教育」が専門教育(職業教育)として行われてきた。林学・林業の専門知識をもった人材を育成するために、樹木試験場(1878(明治11)年)や農商務省山林局での東京山林学校(1882(明治15)年)の設置を起源に、技術者の人材養成が中心となって行われた。「森林・林業白書」(平成25年版)では、森林・林業関連学科や科目をもつ大学28校、短大1校、農林大学校6校、森林・林業関連科目をもつ高等学校70校(ただし、文部科学省学校基本調査では、林業の専門学科は33校)とされている。また、技術者研修(OJT)としては、森林技術総合研修所での研修の他に、森林の管理を担う(准)フォレスターや施業プランナー、フォレストワーカー(緑の雇用など)などの人材育成の研修がある。

「林業教育」は普通教育のなかでも取り扱われてきた。小学校では、実業的教育として、林業を含む「農業」(1881(明治14)年〜)、「手工」(1886(明治19年)〜)があり、初等、中等教育の学校教育のなかでも、木材を活用する技術や、産業としての林業が学ばれてきていた。戦後は、中学校で教科「職業」(1947(昭和22)年〜)、「職業・家庭」(1951(昭和26)年〜)が設置され、林業が取り扱われた。その後、教科「技術・家庭」(1958(昭和33)年〜)の新設に際して、職業指導は進路指導で行われることとなったが、木材の加工技術は「技術科」に引き継がれた。小学校では、教科「社会科」(1947(昭和22)年〜)が社会生活を理解することを目的に新設され、社会生活のなかにある相互依存関係の1つとして人間と自然環境との関係が取り上げられている。1955(昭和30)年の学習指導要領(改訂)では、第5学年に「産業の発達と人々の生活」(林産資源、山村)が盛り込まれている。教育内容として林業が削除された時代もあったが(1977(昭和52)〜1989(平成元)年)、現行版では「国土の保全などのための森林資源の働き及び自然災害の防止」(2008(平成20)年)が盛り込まれている。

近年では、農林水産省林野庁が「森林環境教育」、「木育」を推進している。日本森林学会では、2003年から教育をテーマとしたセッションが設けられ、研究が進められている。比屋根(2003)は、環境教育との関係をふまえ、「森林環境教育」を「森林と触れ、森林と親しむことで、森林そのものや森林と人間とのさまざまな関わりに気付き、森林についての理解を深めながら、森林および森林とかかわる人間が置かれている状況を改善するために、あらゆる分野で行動できる人材を育成することを目標とする教育および教育的営み」としている。また「木育」は、最初に北海道水産林務部のプロジェクト(2004年)で検討されたもので、「木を身近に使ってゆくことを通じて、人と、木や森との関わりを主体的に考えられる豊かな心を育む」ことが目指された。これらの背景には、林野行政の取り組みとして、青少年などの幅広い対象への林業の啓蒙・指導を行ってきた林業普及事業(1977年以降)などでの教育活動や交流学習の取り組みや、詳しくは2章で紹介するように、環境教育や、野外教育などの実践がある。

森林教育をめぐっては、**図1-3**に示すような多様な教育の取り組みが関係している。なお、本書では、主に森林体験活動を含む森林に関する教育を扱っており、木材に関する教育については補足的な扱いとなっている(ただし双方の関係性の検討は今後の課題である。)

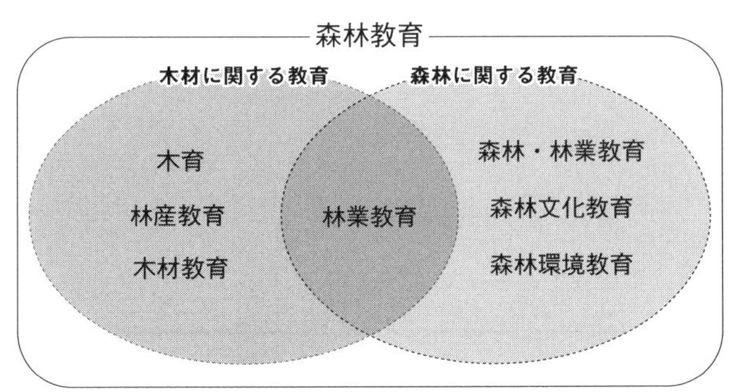

図1-3　森林・木に関する教育　(井上・大石 2010)

コラム 子どもたちと森林のつながり

子どもたちと森林のつながりが気になる。服に泥が飛んで泣く、蚊にまとわりつかれてパニックになる、こんな様子が小学５年生の森林体験活動でみられる。それが春初めての活動でのことで、活動を繰り返すうちに平気になるので、経験不足によるものであることがわかる。泥に汚れたり蚊に刺されたりすることが、子どもたちにとって特別な出来事になっているのだ。

これは、首都圏での事例なのだが、子どもたちの自然体験に地域差はなくなったといわれている。地方の子どもたちと森林に入っても、やはりひ弱で経験不足を感じることは珍しくない。全国一律で自然体験が欠如しているとすれば、都市域の特殊事例と片付けることはできない。

ところが、地方の子どもと活動をしていると、山菜の地方名を知っていたり、ノコギリの使い方が子ども離れしてうまかったりするので、時折あれ？と思うことがある。不思議に思って尋ねると、父母や祖父母の山菜採りに一緒に行ったり、話を聞いたりしているというのである。あるいは、家の手伝いで薪割りをして風呂をわかしているのである。このようなことは、生活のなかに山菜採りや薪割りが位置を占めているから起きてくることである。

子どもたちが森林や自然の中で遊び回る直接的なつながりは薄れてしまったのかもしれないが、生活を通じての間接的なつながりは、地域によっては思う以上に残っているのではないだろうか。

生活の近代化を追い求めてきた社会においては、前近代的な生活が残っているのは開発が遅れた地域である。しかし、そういった地域こそが、森林教育や森林体験活動の先進地になるとも考えられる。森林教育の活動においても、地域社会に残されている森林とのつながりに注目したいものである。　［大石］

ウワバミソウ
ミズ、ミズナなどと呼ばれるおいしい山菜

第2章　教育の考え方

第1章では、森林教育に関わる教育が多岐に渡っていることをみてきた。ところで、そもそも教育とは何を意味するのであろうか？ 森林・林業関係者にとってなじみの少ない教育とは何かについて、森林教育をすすめるにあたっておさえておくべき内容を整理する。ただし、教育学の幅は広く、より詳しく知るためには、教育学のさまざまな書物をひも解く必要があるが、本書は教育学の手引き書ではないため、ここでは教育学の幅の広がりとして、森林教育の実践現場として関わることが多い学校教育、社会教育、さらに環境教育や野外教育など森林教育と関連が深い教育分野について整理する。

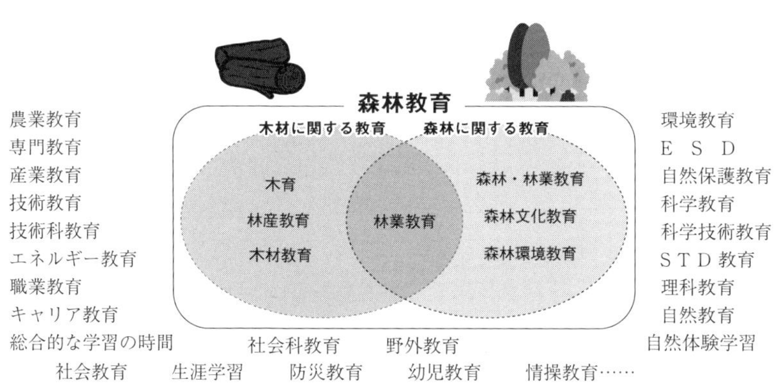

森林教育に関わるさまざまな教科、教育

2.1　教育とは

2.1.1　教育とは何か

教育は、日本国憲法に定められた基本的人権として教育を受ける権利であり、「すべて国民は、法律の定めるところにより、その能力に応じて、ひとしく教育を受ける権利を有する。」(第26条)とされている。そのため、基本的には誰でも学校教育を受けてきており、知らない人はいないといえよう。しかし、「教育とは何か」と問われると、「教育」と「学習」の違いなど意外に難しい。教育を「教えること」と「育むこと」に分けると、また異なったイメージが感じられる。「教育」とは、どのようにとらえられているのであろうか。

広辞苑(第6版)をみると、「教育」は「望ましい知識・技能・規範などの学習を促進する意図的な働きかけの諸活動」としており、「学習」を促す活動を意味している。江原・山﨑(2007)によると、「学習」とは、「マネブ」が転じた「まなぶ」を語源とし、正しい手本(真、誠)を真似、習うことを意味している。「経験を通じて、行動や技能、能力や態度、性格、興味、知識、理解などに、比較的永続的な変化が生じる過程」(『現代学校教育大事典』、安彦 2002)とされている。「教育」は「学習」を促す活動、すなわち、学習者が自ら学び、自ら考える力を育てることである。そのため、指導者は、学習者の学習(自ら学び、自ら考えること)を促すことはできても、直接引き起こすことはできない。例えば、何かを覚えることを強制して教えても、強制が外れればもとに戻ってしまい、永続的な変化が生じたとは言えないだろう。指導者は、学習者に「学習」を促す支援を行うのである。そのため「教育」は、学習者が条件づけられ、プログラム化され、操作されうるような、単なる反射作用とは異なるものとされている。

「教育」の定義として、例えば先の江原・山﨑(2007)は「学習者の成長・発達と学習を適切かつ十分に援助することによって、学習者に社会の一員として必要な社会的、文化的能力を習得させるとともに、学習者をして真の自己に目覚めさせ、人間らしく生き抜くために生涯にわたって努力し続けるようにさせる社会的行為」としている。教育は、社会の一員として必要な能力の習得のために行われ、学習者の自主的な意欲の喚起や動機づけへの支援が必要とされる。

教育基本法(昭和22年制定、平成18年改正)
第一条　教育の目的
人格の完成を目指し、平和で民主的な国家及び社会の形成者として必要な資質を備えた心身共に健康な国民の育成を目指す。
第二条　教育の目標
教育は、その目的を実現するため、学問の自由を尊重しつつ、次に掲げる目標を達成するよう行われるものとする。
一　幅広い知識と教養を身に付け、真理を求める態度を養い、豊かな情操と道徳心を培うとともに、健やかな身体を養うこと。
二　個人の価値を尊重して、その能力を伸ばし、創造性を培い、自主及び自律の精神を養うとともに、職業及び生活との関連を重視し、勤労を重んずる態度を養うこと。
三　正義と責任、男女の平等、自他の敬愛と協力を重んずるとともに、公共の精神に基づき、主体的に社会の形成に参画し、その発展に寄与する態度を養うこと。
四　生命を尊び、自然を大切にし、環境の保全に寄与する態度を養うこと。
五　伝統と文化を尊重し、それらをはぐくんできた我が国と郷土を愛するとともに、他国を尊重し、国際社会の平和と発展に寄与する態度を養うこと。

図2-1　教育基本法

教育は、「教え一教えられる」関係ではなく、「教え一学ぶ」関係で、指導者が一方的に知識などを習得させることを意味する訳ではない。

森林教育を検討する際、「教育」と「普及」についても検討する必要がある。

2.1.2　「教育基本法」にみる教育の目的と種類

日本における教育は、「教育基本法」をもとに行われている。

「教育基本法」(1947(昭和22)年制定、2006(平成18)年改正)では、現在の日本における教育の目的を「人格の完成を目指し、平和で民主的な国家及び社会の形成者として必要な資質を備えた心身ともに健康な国民の育成」(第一条)としている(**図2-1**)。また、教育の目的を実現するための目標は、第二条で次の5項目が挙げられ、環境の保全に寄与する態度を養うことが掲げられている。

①知識と教養、真理を求める態度、道徳心や健やかな心身を養うこと
②創造性、自主、自立の精神、勤労を重んずる態度を養うこと
③公共の精神と社会の形成に主体的に参画する態度を養うこと
④生命を尊び、自然を大切にし、環境の保全に寄与する態度を養うこと
⑤郷土愛と国際社会の平和と発展に寄与する態度を養うこと

こうした教育の目標を実現するためには、学校教育以外にもさまざまな教育が行われている。「教育基本法」には、生涯学習の理念(第三条)として、「自己の人格を磨き、豊かな人生を送ることができるよう、その生涯にわたって、あらゆる機会に、あらゆる場所において学習することができ、その成果を適切に生かすことのできる社会の実現が図られなければならない。」とうたわれている。教育として、義務教育(第五条)を含む学校教育(第六条)、大学(第七条)、家庭教育(第十条)、幼児期の教育(第十一条)、社会教育(第十二条)が掲げられ、学校と家庭や地域住民等の相互の連携が重視されている(第十三条)。

教育は、組織的、体系的に行われている学校教育を中心としながら、社会教育など生涯を通じて行われる。

2.2 学校教育

2.2.1 学校教育の目的と実施体制

(1) 学校教育の概要

次に、教育を組織的、体系的に行っている学校教育についてみてみよう。

学校教育は、教育の目標が達成されるように、教育を受ける者の心身の発達に応じて、体系的な教育が組織的に行われることが定められている(「教育基本法」第六条第二項)。学校で教えられる教科や内容、時間配当などの教育課程は、文部科学省による学習指導要領に基準が定められている(「学校教育法」、「学校教育法施行規則」)。

教育の目的は、どうであろうか。「学校教育法」(1947年制定、2007年改正)では、小学校、中学校で行う義務教育での普通教育の目標を掲げている。「教育基本法」を受けた教育目標(10項目)として、自主・自律の精神や社会の参画に寄与する態度、環境保全に寄与する態度、郷土愛と国際社会の平和に寄与する態度と、さらに知識や技能に関する7項目(生活や産業、国語、数量、科学、健康や運動、芸術、職業に関する内容)が挙げられており、学校内外における社会的活動や自然体験活動の促進が明記されている(第二十一条)。小学校は、生涯にわたり学習する基盤が培われるように、基礎的な知識及び技能を習得するとともに、これらを活用して課題を解決するために必要な思考力、判断力、表現力その他の能力を育み、主体的に学習に取り組む態度を養うこととされている(第三十条)。学校教育では、学習者が社会の形成者として必要な資質を備えるために、知識や教養を育むことに加えて、公共の精神や自主・自律の精神、環境の保全に寄与する態度などを育むことをねらいとして、学習指導要領に基づいて教育が行われている。

教育の目的を達成するために、何を、いつ、どのような順序で教え、学ぶかを整理したものが教育課程で、教育課程の基準を定めたものが「学習指導要領」である。「学習指導要領」は、教科や教科外活動の内容を学年ごとに示している。教科には、「国語」、「算数・数学」、「理科」、「社会(地理・歴史、公民)」、「生活」、「音楽」、「図画工作」、「美術工芸」、「家庭」、「技術」、「英語」、「情報」がある。また、これら各教科の他、「道徳」、「総合的な学習の時間」、「特別活動」によって編成されている(「学校教育法施行規則」第五十条他)。学校教育では、学習指導要領に沿って行う必要があり、それを越えた内容を実施することは難しい。

(2) 学校教育の規模

学校教育の規模は、「学校基本調査」から幼稚園13,170園(園児数約160.4万人)、小学校21,460校(児童数約676.4万人)、中学校10,699校(生徒数約355.3万人)、高等学校5,022校(生徒数約335.6万人)、高等学校通信制課程217校(生徒数約18.9万人)、中等教育学校49校(生徒数2.9万人)、特別支援学校1,059校(在学数13.0万人)、専修学校3,249校(生徒数約65.1万人)、大学783校(学生数287.6万人)となっている(2012年)(**表2-1**)。学校数は、5万校以上にある。職員数は、地方公務員の教育部門が約104万人で全地方公務員の約4割を占める。一般行政職員は、地方公務員(福祉を除く)約54万人、国家公務員(非現業職員)約28万人であり、教育関係者が多いことがわかる(平成25年度 総務省データより)。

森林・林業関係の規模をみると、林業就業者数8万人(2010年)で、林業経営体14万事業体(2010年)、林業普及指導員1,370人、森林インストラクター3,022人である。森林・林業再生プラン(2009)で検討されている人材の育成目標は、フォレスター2～3千人、森林施業プランナー約2千人、森林作業道作設オペレーター約5千人、フォレストマネージャー等約5千人である(森林・林業再

表 2-1　校種別の規模

施設名	学校数(校)	児童・生徒数(人)	教員数(人)
幼稚園	13,170	160.4 万	11.1 万
小学校	21,460	676.4 万	41.9 万
中学校	10,699	355.3 万	25.4 万
高等学校	5,022	335.6 万	23.7 万
高等学校通信制課程	217	18.9 万	1.2 万
中等教育学校	49	2.9 万	0.2 万
特別支援学校	1,059	13.0 万	7.6 万
専修学校	3,249	65.1 万	14.8 万
大学	783	287.6 万	17.7 万

（学校基本調査 2012）

生に向けた人材育成について 2010）。関係者の人数でみると、教育業界は、森林・林業業界より 10 倍の規模になるといえよう。

2.2.2　学習指導要領にみる教育のねらいの変遷

学校教育は、厳しい状況にあると言われている。学校でのいじめや不登校、体罰などの問題を抱え、さらに学習指導要領の改訂や、OECD による生徒の学習到達度調査（PISA：Program for International Student Assessment）の国際比較の結果（2000 年度から実施）に伴って学力低下が指摘される（PISA2003、2006 で点数低下が問題視され、PISA2009 でやや向上がみられた）など、教育の問題は枚挙にいとまがない。

どのような教育が望ましいのか。戦後の教育の歴史をふりかえってみると、教育は必ずしも正解がある課題ではないことがうかがえる。戦後における学校教育の目的は、時代とともに変化してきており、学習指導要領を中心としてみると、学校教育は、4 つの時期に分けられる。太平洋戦争以降の 1945 年から、戦前の教育を見直し、民主主義的教育として、科学的方法に根ざした問題解決型学習を通した経験主義的な教育が目指された（学習指導要領 1947 年版）。現在の「総合的な学習の時間」の先駆けのような取り組みであるが、当時は「這い回る経験主義」として批判され、次第に系統だった知識教育が重視されるようになった。高度経済成長期には、科学技術における人材開発を進める教育として知識・技能の系統性が重視された（学習指導要領改訂 1958、1968 年）。こ

表 2-2　学習指導要領の歴史的変遷

第1次(1951)	教育の生活化(経験主義の問題解決学習)
第2次(1958)	教育の系統化(系統学習への転換、基礎学力の充実)
第3次(1968)	教育の科学化(科学的な学年と能力の育成)
第4次(1977)	教育の人間化(学校生活におけるゆとりと充実)
第5次(1989)	教育の個性化(新しい学力観に基づく個性の重視)
第6次(1998)	教育の総合化(特色ある学校づくり、総合的な学習の創設)

(志水 2005)

の教育は、受験戦争を激化させ、「詰め込み教育」として学校の退廃を招いたと批判を受け、落ちこぼれを生じさせた。そのため、経験主義を重視したゆとり教育へと転換した(学習指導要領改訂 1978 年、1988 年、1998 年)。ゆとり教育の集大成として、完全学校週5日制や「総合的な学習の時間」の新設を含んだ 1998 年の改訂では、先述のように学力低下論争を招いた。2008 年の改訂では、ゆとり教育から、基礎学力を重視した「確かな学力」を重視しつつ、「知の総合化」を目指した「生きる力」を育むことが目指されている。

志水(2005)は、こうした教育改革の変化について、「態度重視」の極と「知識重視」の極の間で揺れ動いてきたことから、カリキュラム改革の振り子論を示している(**表 2-2**)。

このように、戦後約 70 年間でも教育のねらいは大きく変わってきており、常に教育のあり方は問い直されてきている。

2.2.3　学校教育のねらいと評価

学校教育は、体験や探究活動を取り入れた経験主義と、知識習得(系統主義)を取り入れた教育が模索されながら、ねらいに対応した評価が行われてきた。今日の学校教育における評価は次のようになっている(教育の評価は、第5章 5.4 参照)。

現行版の学習指導要領(2008 年、総則)では、ねらいとして、個性の伸長と社会的自立が目指され、課題解決力や主体的に取り組むことを目指した「生きる力」の育成、伝統文化や郷土愛、生活習慣や豊かな体験を通した道徳教育、体育や健康の3点が強調されている。「生きる力」とは、1996 年の中央教育審議会答申で提唱され、「いかに社会が変化しようと、自分で課題を見つけ、自

指導要録の参考様式における児童生徒の学習状況の評価

・**観点別学習状況の評価**　※各教科について、評価の観点ごとにABCの3段階で評価

《評価の観点》「関心・意欲・態度」「思考・判断」「技能・表現」「知識・理解」

・**評定**　※各教科について、各学年末に評価

小学校(第3学年以上) → 3、2、1の3段階で評価

中学校 → 5、4、3、2、1の5段階で評価

※ 評定については、2002年4月より
「相対評価」(目標に準拠した評価を加味した相対評価)から
「絶対評価」(目標に準拠した評価)に改めた。

文部科学省ホームページ「学習指導要領・指導要録・評価基準・通知表について」より

図2-2　学習の評価

ら学び、自ら考え、主体的に判断し、行動し、よりよく問題を解決する資質や能力」を指す。「生きる力」は、「確かな学力」、「豊かな人間性」、「たくましく生きるための健康や体力」の3つの要素で構成されている。「確かな学力」には、習得型の教育での基礎的な知識・技能と、探究型の教育での自ら学び自ら考える力との両方を育成することを含む。高度経済成長期にみられた知識の系統的な習得を目指した教育から、変化が激しく先が読みにくい今日の社会においては、学校で学んだ知識だけで社会を生き抜くことは難しいことから、変化に対応できる力の養成が求められているといえる。そのためには、基礎的な知識や技能の習得とともに、自ら考える課題解決力や、人と協力するためのコミュニケーション能力など、社会性や人間性の育成が求められている。

学校教育を評価する観点は、教育のねらいを受けて、「関心・意欲・態度」、「思考・判断」、「技能・表現」、「知識・理解」が挙げられている(**図2-2**)。通知表も、この4つの観点に対応した各教科の観点に沿って評価が記載されている。知識を理解したかどうかだけが、必ずしも学校教育での評価の観点にはなっていない。またOECDでは、「知識基盤社会」の時代を担う子どもたちに必要な能力を「主要能力(キー・コンピテンシー)」として、「社会的・文化的、技術的ツールを相互作用的に活用する力」、「多様な社会グループにおける人間関係形成能力」、「自立的に行動する能力」の3つの観点としており、この観点に沿った学習到達度調査が行われている。

2.2.4　学校教育の課題と森林教育

今日の学校教育では、知識や技術の習得に加えて、豊かな人間性、社会に参画し人間関係を育てる力や、知識や技術を活用して課題解決力や自立的に行動する力の育成などが総合的に求められている。ただし、戦後さまざまな教育改革が行われてきていながら、現代の教育の状況は、危機に瀕していると言われている。例えば、先にみた学力低下問題があり、その他にもいじめや不登校の問題がニュースを賑わせているし、学習意欲の減退なども問題視されている。また、子どもたちの体力や身体の力の低下も指摘されており、身体的な危機、コミュニケーション能力の低下や社会性の欠如といった心身の発達不全、さらに居場所のなさ、生き難さ、人間関係の希薄化などから「他者喪失と現実喪失」、「人間の危機」なども指摘されている（尾関ら 2011）。

こうした課題の解決のために、「社会力」を育むこと（門脇 2010）、自然体験や地域活動などの体験活動による「体験力」（自尊感情、共生観、意欲・関心、規範意識、人間関係能力、職業意識、文化的作法・教養を含む意識・価値観）の育成（田中 2012）などが提案されている。現代の子どもたちは、外での遊び、刃物を使った工作、自然を相手にした労働などを経験するチャンスが少ないことが指摘されている。森林など自然での体験を通して、リフレッシュ、五感を通じた体験学習の意味を含んでいる。また、森林は地域の自然であることから、自分たちが住む地域を見直す地域の学びや、アイデンティティの育成にもつながっている。

教育の分野で推進されている自然体験活動は、豊かな自然環境を保全する事だけではなく、子どもたち自身の成長に対して、自然体験を通じた社会体験や体験活動から学べる力の育成としが重視されているという面も含んでいる。森林での関わりを含む森林教育の推進は、学校教育の課題を解決するための方法としても求められていると言えるであろう。

2.3 社会教育

2.3.1 社会教育と社会教育施設

次に、学校以外での教育である「社会教育」をみてみよう。

「社会教育」は、学校の教育課程として行われる教育活動を除いた、青少年や成人に対して行われる体育やレクリエーションを含む組織的な教育活動(「社会教育法」1949年制定第一条)とされている。社会教育施設として、図書館(「図書館法」)、博物館(「博物館法」)、公民館があり、その他、科学館や動物園、植物園、青年の家、コミュニティ・センターや競技場などもある。市町村の自治体が社会教育施設を設置し、社会教育主事などが配置され、さまざまな講座を開設することとされている。

「社会教育法」では、市町村の教育委員会の事務として、講座の開設や奨励の他、討論会や展示会、家庭教育に関する学習の機会、職業教育や科学技術指導の集会、運動会や協議会、音楽、演劇、美術その他の発表会、視聴覚教育やレクリエーション、情報化の進展に対応した情報の収集と並び、ボランティア活動や自然体験活動が挙げられている(第五条)。2005年時点での社会教育施設としては、公民館約2万館、図書館約3千館、博物館約1千館(類似施設約4千館)が設置されている(長澤 2010)。社会教育は、住民自治や住民参加の原則のもとに行われている。公民館では、進学率が高くなかった戦後、働きながら学ぶ青年学級が行われ、1960年代以降は、都市部での専業主婦の子育て支援や市民学習センターとしての活動などが行われている。地域づくりやNPOやボランティア活動なども盛んになってきている。

国際的には、年齢や職業などの区別なく、全ての人々が主体的に生涯を通じて学習し、自己形成することを目指した「生涯学習」(Lifelong integrated education)がユネスコにおいて提唱され(1965年)、国内では1990年に「生涯学習の振興のための施策の推進体制等の整備に関する法律」が制定されている。学校教育でも、完結型の教育から、自ら学び、自ら考える「生きる力」の育成など、生涯学習の基礎的な資質の育成が重視されている。

今日では、多様な年齢層の学習の支援が行われる生涯学習社会となっている。

表 2-3　国立青少年教育振興機構の利用実績例

自然教室、集団宿泊学習、キャンプ、通学合宿、ボランティア活動、地域でのサークル活動、自然体験活動、お泊まり保育、指導者研修、ゼミ合宿、講演会、研究会、シンポジウム、登山、オリエンテーリング、サイクリング、自然観察、天体観測、各種スポーツ合宿・スポーツ大会、資格講座、交流会、国際会議、交換留学オリエンテーションなど

（国立青少年教育振興機構 2010）

2.3.2　社会教育施設での自然体験活動の実践

国立の社会教育施設としては、青少年のための団体研修施設があり、2006年から（独）国立青少年教育振興機構により、全国で13カ所の国立青少年交流の家、14カ所の国立青少年自然の家が運営されている。その前身の1つである国立青年の家は、1959（昭和34）年に設立し、青少年教育のナショナルセンターとして、教育事業として青少年教育に関するモデル的プログラムの開発を行ったり、国際交流の推進や指導者養成や資質向上のための講習会の開催、その他研修支援や助成事業、調査研究を行っている（**表 2-3**）。

調査研究では、自然体験を含むさまざまな体験活動が、7つの側面の意識・価値観（自尊感情、共生観、意欲・関心、規範意識、人間関係能力、職業意識、文化的作法・教養）を含む「体験の力」を高めていることなどの分析を行っている（田中 2012）。

自然体験活動を行っている組織として、他にも「自然学校」がある。「自然学校」は、自然の中などでの教育プログラムを運営されている組織として1980年代に誕生し、現在、全国に3,696学校（2010年）があるとされている（阿部・川嶋 2012）。自然学校は、持続可能な社会づくりに貢献する共生の理念のもとに、さまざまな人と社会、自然を結びつけながら、自然体験活動や地域づくりなどの事業を実施するマネジメントを行っている（西村 2013）。活動は、登山やカヌーなどスポーツ活動、キャンプや自然観察などの野外活動、ナイトハイクや音楽会などの感受体験・表現活動、環境保護・保全活動、第一次産業や生活体験に関わる食育や林業体験、幼児教育や悩みをもつ青少年への支援、地域振興など多様に展開している（実際の活動の様子は、第6章6.2参照）。

2.4 環境教育と野外教育

森林教育に関連している環境教育や野外教育も、近年推進されてきている。環境教育は、幅が広い概念を内包しており、日本では公害教育と自然保護教育を起源として実践が行われてきており、近年はESD(Education for Sustainable Development)*としても重視されている教育である。また野外教育は、自然での体験活動を重視した教育である。

2.4.1 環境教育とESD

環境教育は、環境問題の悪化に対して、環境保全に主体的に関わることができる能力や態度を身に付ける必要性から、推進が求められるようになってきた(**表2-4**)。国際的には、IUCN(国際自然保護連合)設立総会(1948年)で初めて使用された。レイチェル・カーソンの『沈黙の春』(1962年)で、化学物質

表2-4 環境教育のおもな定義

「ベオグラード憲章」(1975年)

環境教育の目標は、環境とそれに関連する諸問題に関心を持ち、関わろうとする人々を全世界的に増やすこと、およびそれらの人々が、知識、技能、態度、意欲、実行力を身につけて、個人的かつ集団的に、現在の問題の解決や将来の新しい問題の予防に貢献しうるようになること。(環境教育事典 2013)

「トビリシ勧告」(1977年)

環境教育の目標領域:①気づき、②知識、③態度、④技能、⑤参加 (環境教育事典 2013)

「環境教育指導資料(小学校編)」(2007年)

環境や環境問題に関心・知識を持ち、人間活動と環境とのかかわりについての総合的な理解と認識の上にたって、環境の保全に配慮した望ましい働き掛けのできる技能や思考力、判断力を身に付け、持続可能な社会の構築を目指してよりよい環境の創造活動に主体的に参加し、環境への責任ある行動をとることができる態度を育成すること。

「環境教育等による環境保全の取組の促進に関する法律」(2011年)

持続可能な社会の構築を目指して、家庭、学校、職場、地域その他あらゆる場において、環境と社会、経済及び文化とのつながりその他環境の保全について理解を深めるために行われる環境の保全に関する教育及び学習。

---

* ESDは、持続可能な開発のための教育と訳されてきたが、その他にも持続発展教育、持続可能性のための教育などと訳されることもある。

の危険性が指摘されるなど、環境問題が深刻化するのに対し、国連人間環境会議(1972年)以降、世界規模で環境問題について議論がなされるようになり、環境教育が国際的に広がるきっかけとなった。また日本での環境教育は、公害教育と自然保護教育の2つの源流をもち、独自に実践が行われてきた(朝岡2005)。

(1) 公害教育

公害教育は、1950年代から水俣病など四大公害が顕在化し始め、1960年代に公害が全国的に拡大してゆくなかで、公害に対する学習会がスタートするなど(1963年、沼津)、国民運動に展開した。学校教育のなかで公害が取り上げられ(小学校学習指導要領 1968年)、「公害対策基本法」制定(1967年)、環境庁設置(1971年)を経て、公害訴訟が一応終結する一方で(環境白書 1981年)、地域的な公害問題から国際的な環境問題へと問題が広がっていった。

(2) 自然保護教育

自然保護教育は、1957年に日本自然保護協会による「自然保護教育に関する陳情」が先駆的取り組みとされる。戦前から、生態学研究を基礎にした下泉重吉氏(1901～1975年)の自然保護講座や、日本野鳥の会(1934年発足)による探鳥会があり、戦後の国土開発により地域の自然が開発、破壊されるなかで、1960年代には「採らない・殺さない・持ち帰らない」を前提とした「三浦半島自然保護の会」(1955年設立)による自然観察会がスタートし、市民運動として実践されるようになっていった。1976年には、自然観察指導員制度(日本自然保護協会)がスタートし、各地で活動が行われている。

(3) 環境教育の広がりとESD

環境教育の目的は、環境問題に関心をもち、環境に対する人間の責任と役割を理解し、環境保全に参加する態度と環境問題解決のための能力を育成することとされており、「トビリシ勧告」(環境教育政府間会議、1977年)において、認識(Awareness)、知識(Knowledge)、態度(Attitudes)、技能(Skill)、参加(Participation)の5項目に整理され、環境教育は、全ての人を対象とした普遍性をもち、環境を美的側面や道徳的側面も含めて包括的にとらえ、広範な学際的基盤の上に立ったホリスティック(全体論的)なアプローチや、実践的で直接的な体験を重視し、問題解決の過程を通した教育として推奨している。環境教育は、単に自然環境についての理解を促すことだけを目指しているのではない。

環境教育は、「環境基本法」(1993年制定)での環境学習・環境教育が法的に位置づけられたことや、2003年に自然再生活動と自然環境学習の推進を主眼とした「自然再生法」と「環境の保全のための意欲の増進および環境教育の推進に関する法律」が制定(2011年改正)されたことなどにより推進されてきた。2005年には日本エネルギー教育学会が設立している。

環境教育は、地球規模での環境問題への取り組みが進められるなかで、Sustainability(持続可能性)を目指したESD(Education for Sustainable Development)として、より広い概念を含むようになってきた。

持続可能な開発(SD)のためには、持続可能な社会を主体的に担う人づくりの必要性が指摘され、テサロニキ会議(環境と社会に関する国際会議 1997年)では、持続可能性に向けた教育は、環境に限らず、貧困や健康、食糧の確保や人権などを含む必要性から、広義の概念へと拡張が図られ、国連環境開発サミット(2002年、ヨハネスブルク)でESD(Education for Sustainable Development)が提起された。ESDのための10年の取り組み(DESD)は、日本が提案し、国連により2005年からスタートし、2014年11月には、DESD総括の会合が愛知(名古屋)や岡山を中心に開催された。

ESDの推進に向けて、国立教育政策研究所の調査(2012年)では、生きる力における確かな学力(思考力、判断力、表現力、課題発見能力、問題解決能力)と豊かな人間性(自律心、協調性、感動する心)や、OECDによるキー・コンピテンシーとの関連性をふまえた整理がされている(**図2-3**)。

2.4.2 野外教育

環境教育が主に環境問題への対応として実践、展開してきたのに対して、自然のフィールドでの教育活動として野外教育がある(**図2-4**)。環境教育とも関係が深いが、さらに冒険教育にも由来をもち、体験学習法の手法を用いている(第5章コラム参照)。野外教育について、主に自然体験活動研究会編(2011)をもとに整理する。

自然を教育の場として活用する自然体験学習には、自然観察とともに、野外活動を中心とし、自然の中での個人の成長を重視している。日本では、大正

【ESDの視点に立った学習指導の目標】
教科等の学習活動を 能力や態度を身に付けることを通して、持続可能な社会の形成者としてふさわしい資質や価値観を養う。

【持続可能な社会づくりの構成概念】(例)
多様性、相互性、有限性、公平性、連携性、責任性 など

【ESDの視点に立った学習指導で重視する能力・態度】(例)
❶ 批判的に考える力
❷ 未来像を予測して計画を立てる力
❸ 多面的、総合的に考える力
❹ コミュニケーションを行う力
❺ 他者と協力する態度
❻ つながりを尊重する態度
❼ 進んで参加する態度 など

図2-3　ESDの学習指導過程を構想し展開するために必要な枠組み　(国立教育政策研究所 2012)

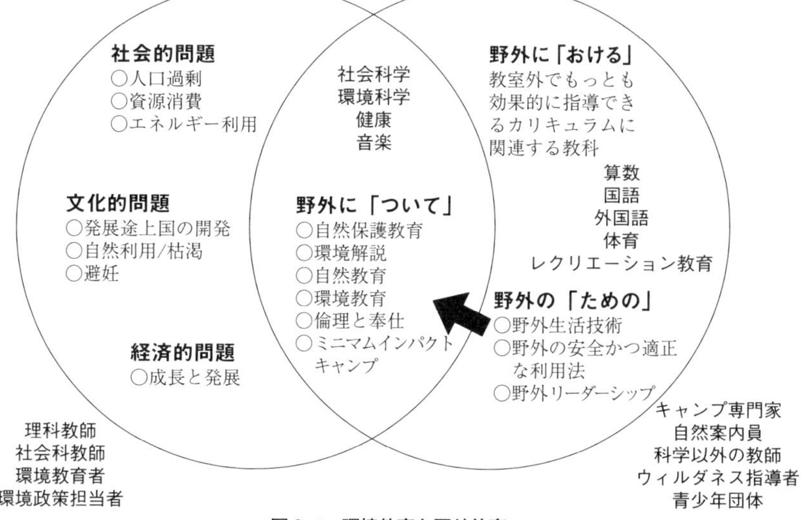

図2-4　環境教育と野外教育
出典：ヤップル・チャールズ『環境教育と野外教育を描く』(野外教育研究第1巻)

時代から、東京YMCA(1880年)、ボーイスカウトキャンプ(1919年)などの活動が行われてきている。戦後は、アメリカでのOutdoor Educationが紹介され、「野外教育」と呼ばれるようになった。「スポーツ振興法」(1961年)で野外活動が明記され、キャンプや登山などの活動が教育として実践されてきた。社会教育法(2001年改正)では、市町村教育委員会として、自然体験活動の機会の提供が示されている。また、指導者の資格として、自然体験活動リーダー(CONE自然体験活動推進協議会)資格認定(2000年〜)がある。

自然の中での体験に基づく教育の重要性を指摘してきている教育学者には、コメニウス、ルソー、ペスタロッチなどがおり、直接体験による学びが強調されてきている。日本の教育にも影響を与えたジョン・デューイ(1859〜1952年)は、学習者の経験に基づく学びや知識と実践の統合を重視する経験主義教育を説いている。また、野外教育の起源として、屋外で組織的に行われるキャンプ活動があるが、野外活動はレクリエーション的な要素だけではなく、実生活に関連した体験活動、楽しさに基づく体力づくり、自然観察や自然の理解、自然の中での冒険活動に伴う自己発見や他者との協力などを含み、効果的な教育の方法として実践、研究がなされてきている。

野外教育の効果は、心理学に基づいた評定用紙を用いた調査などが行われている。野外教育活動は、心理的側面や「生きる力」との関係、メンタルヘルス、社会的スキル(人付き合いの技術)や環境行動など、さまざまな面で効果があることが報告されている。また、例えば国立青少年教育振興機構(2010)は、自然体験を含むさまざまな体験活動(自然体験、動植物との関わり、友だちとの遊び、地域活動、家族行事、家事・手伝い)が学習者の意識や価値観(「体験の力*」)に及ぼす影響の調査を行い、青少年期に体験活動の経験が多い人に「体験の力」が高い傾向を示すことを指摘している。

こうした効果をふまえ、「野外教育」は、「自然の中で組織的、計画的に、一定の教育目標を持って行われる自然体験活動の総称で、自然、他存在、自己についての創造的、調和的な理解と実践を直接体験を通して育む統合的・全人的な教育」とされている。基本構成要素として、教材としての「野外活動」、教育

*「体験の力」:自尊感情、共生観、意欲・関心、規範意識、人間関係能力、職業意識、文化的作法・教養の7つの側面の意識・価値観を指す。

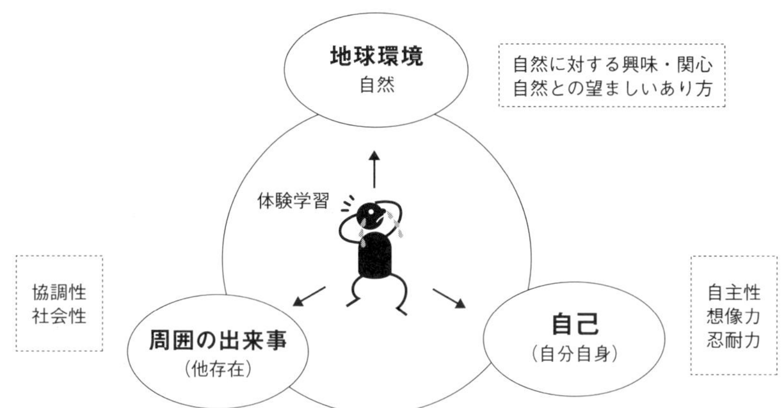

図 2-5　野外教育の目的-学習観点・要素　（自然体験活動研究会 2011 より作成）

の場としての「自然環境」、根本的な教育方法としての「体験学習」の３つを含み、その目的は、個人と①地球・自然環境との関わり、②周囲の出来事（他存在）との関わり、③その人自身（自己：自分自身）との関わりの３大学習観点・要素についての気付きや認識の拡大を含む、調和的な生き方を育む包括的、総合的な教育ととらえられており、人間がよりよく生きていく上で基本的かつ重要なことをとらえている（**図 2-5**）。

●参考 教育学、森林科学の学問分野の広がり

森林教育を考える際に、教育学の学問分野の広がりは参考になるであろう。科学研究費助成事業による学術研究の細目表（2013（平成25）年度）をもとに整理した。教育学は、人文社会系の社会科学分野の分科の１つで、教育学分科（細目：教育学、教育社会学、教科教育学、特別支援教育）があり、その他を含め、キーワードとして次の内容が挙げられている。教育学は、人文社会科学全般にわたる研究手法や、教科教育や教材開発など多岐に渡る。

教育学分科

教育学：教育哲学、教育思想、教育史、カリキュラム論、学習指導論、学力論、教育方法、教師教育、教育社会学、教育行財政学、教育経済学、学校教育、幼児教育・保育、生涯学習、社会教育、家庭教育、教育政策、教育社会学、教育経済学、教育人類学、教育政策

教育社会学：教育社会学、教育経済学、教育人類学、教育政策、比較教育、人材開発・開発教育、学校教育・学校文化、教師・児童文化、青少年問題、学力問題、多文化教育、ジェンダーと教育、教育調査法、教育情報システム

教科教育学：各教科の教育（国語、算数・数学、理科、社会、地理・歴史、公民、生活、音楽、図画工作・美術工芸、家庭、技術、英語、情報）、専門教科の教育（工業、商業、農業、水産、看護、福祉）、カリキュラム構成・開発、教材開発、教科外教育（総合的学習、道徳、特別活動）、生活指導・生徒指導、進路指導、教員養成

特別支援教育：発達障害、視覚・聴覚・言語障害など（19項目）

複合系の複合領域分野

科学教育・環境工学分科：科学教育（高等教育、初等中等教育、科学リテラシー、環境教育、産業・技術教育、科学コミュニケーションなど11項目）、教育工学（e-ラーニング、情報教育、学習環境、教師教育、授業など13項目）

健康・スポーツ科学分科：身体教育学（身体のしくみと発達メカニズムに関する6項目と、森林や教育と文化に関する野外教育など22項目）、

子ども学分科：子ども環境学分科（発達・子育て、教育的環境など9項目）

森林科学は、生物系の農学分野の分科に森林圏科学(細目：森林科学、木質科学)にある。関連する内容は、広く農学や環境学に拡大している。境界農学分科(細目：環境農学)、総合系環境学分野の分科：(環境解析学、環境保全学、環境創成学)に拡大している。

森林圏科学分科

森林科学(生態・生物多様性、遺伝・育種、整理、分類、立地・気象、造林、樹病・微生物、昆虫・動物、計画・管理、政策・経済、持続的林業、作業システム・林道・機械、治山・砂防・緑化、水資源・水循環、物質循環・フラックス、気候変動・炭素収支、バイオマス、景観生態・風致・緑地管理、環境教育・森林教育)

木質科学(組織構造、材質・物性、セルロース・ヘミセルロース、リグニン、抽出成分・生理活性物質、微生物、きのこ・木材腐朽菌、化学加工・接着、保存・文化財、乾燥、機械加工、木質材料、強度・木質構造、居住性、林産教育、木質バイオマス、紙パルプ)

境界農学分科

環境農学(バイオマス、生物多様性、生態系サービス、環境価値評価、低炭素社会、LCA、流域管理など19項目と、ランドスケープデザイン、景観形成・保全、文化的景観、自然環境保全・自然再生、自然環境影響評価、生物生息空間、生態系機能、景観生態、自然公園、観光・グリーン・ツーリズム・レクリエーション、CSRと緑化など20項目)

複合系環境学分野

環境解析学分科：環境動態解析(リモートセンシングなど)、環境影響評価(環境アセスメントなど)

環境保全学分科：環境モデリング・保全修復技術(環境・生態系影響など)、環境材量・リサイクル(リサイクルとLCAなど)、環境リスク制御・評価

環境創成学分科：自然共生システム(生物多様性、生態系サービス、生態系管理・保全、リモートセンシング、景観生態、生態系修復など10項目)、持続可能システム(物質循環システム、バイオマス利活用、総合的環境管理など10項目)、環境政策、環境社会システム(環境教育、環境マネジメント環境と社会活動、持続可能発展など16項目)

［井上］

コラム 教えると教えられる？

専門高校で教員をしていると、毎日、思いもよらないドラマに出会える。教育を担っている人は誰もが感じていることかもしれないが、指導者は「教える」ことを試みるが、学習者は個性をもった人間であり、人により反応はさまざまで、生徒は必ずしも「教える」とおりに「教えられる」存在にはなってくれない。そのため、夏目漱石の小説『坊ちゃん』以上に、「真実は小説よりも奇なり」な場面に遭遇できる。

ある木材加工の実習でのひとコマ。新入生の最初の授業は、４人一組の班で、製材してある木材を組み合わせたプランターの製作を行うことにした。各班のテーブルには、前日に準備しておいた教材(長い板３枚や横の短い板など)が並んでいる。授業の最初に、製作の手順を説明し、生徒はプランター作りを始めた。しかし、１班だけ、誰も作業を始めなかった。他の班は、作業を始めたので、実習室が徐々に騒々しくなってきた。しかしその中でも、その班だけは誰も椅子から立ち上がろうとしない。何度か声をかけてみたものの、やはり動かない。

結局、その中の１人が動き始めたのは、作業開始から30分ほど経過してからだった。どうも、その班のメンバーは4人とも、中学時代まで班行動では「お客さん」のように何もしなくても済んでいたようである。高校生活初めての実習である。30分の沈黙の後、初めて気付いたようである。「自分がやらなきゃ、誰もやってくれない！」。教えても、学ぶのは学習者の生徒本人しかいない。

教育学では、「教え―教えられる」という、学習者が受動的な構図としてではなく、学習者が主体的に「学ぶ」ことを意図した「教え―学ぶ」関係ととらえられている。学習者に学ぶ姿勢がなければ、何も教えることは出来ない。そのため教師は、生徒の個性や興味、その日の体調など、さまざまな視点から生徒の理解を試みる。「森林教育」ではどうか、改めて考える必要がある。 ［井上］

高校生の木工作品
(新潟県立高田農業高校)

第3章　森林を理解する

本書では、「森林教育」を「森林および木材に関する教育的な活動の総称」ととらえている。世界有数の森林国である日本では、森林や木材を知らない人はいないだろう。プラスチック製品があふれているとはいえ、身の回りに木製品をみつけることは難しくない。ところが、森林や木材を知ってはいても、実はあまりよくわかっていない人が多いのではないだろうか。森林や木材はさまざまな側面をもっていて、そのことが「森林教育」に幅広さや豊かさをもたらしていると言えるのだが、わかりにくさにもつながっているように思われる。そこで本章では、森林教育の目的と内容（第4章）や実践するための考え方（第5章）を整理する前に、森林関係者以外にとってわかりにくい森林とは何か、木材とは何かという問題について、整理しておくこととする。

スギ人工林

3.1 森　林

3.1.1 森林の定義

森林という言葉は、一般に木がたくさん集まっている所を指している。森も林も言葉としては、木が集まっている所を指しているが、これらは必ずしも木の集まりの範囲や程度の違いによって使い分けられているわけではない。この他にも杜（もり）や山といった呼び方をする場合もあり、歴史・文化的な意味合いもある。地域の森林を教材として考えれば、そこがなぜそう呼ばれているのかを、調べたり考えたりしてみることにも大いに意味がある。

さて、木が多数集まって生えていれば森林であると考えるのが普通であるが、木が1本も無い場所を森林として扱う場合もある。森林行政の基本法である森林法（第2条）では、森林を「1. 木竹が集団して生育している土地及びその土地の上にある立木竹　2. 前号の土地の外、木竹の集団的な生育に供される土地　但し、主として農地又は住宅地若しくはこれに準ずる土地として使用される土地及びこれらの上にある立木竹を除く」と定義している。

つまり、1では、木あるいは竹が集団で生えている土地と木や竹を森林であるとしており、みたところ森林の姿をしているものを森林としている。しかし、但し書きは、農地や住宅地にある森林のような所は森林ではないとしている。農地には田畑だけでなく果樹園もあってたくさんの木が生えているし、住宅の庭園にも大きな木がまとまって生えていることがあるが、それらは森林法でいう森林でない。果樹園や庭園が森林とみなされては具合が悪いのである。次に2で言っているのはどういうことだろうか。森林の木は資源として利用するために伐採されることがあるが、その後は再び森林を造成するために植栽などが行われるのが普通である。また、災害によって木が失われることもあるが、森林の復旧が図られるのが一般的である。そのような場合に、木がなくなったからといって法的に森林でなくなってしまうと、不都合が生じる。

ところで、地球規模の環境や資源の問題を抱える現代にあって、森林は環境と資源の両面で重要な意味をもっている。このような問題においては、森林の定義が国や地域によってまちまちでは都合が悪い。国連食糧農業機関（FAO）

が、世界規模の森林資源調査に際して定めた森林の定義は、樹冠率(地表面積に樹木の枝葉が占める割合)が10％以上というものである。

3.1.2　世界の森林

森林の具体的な姿に目を向けるために、国連食糧農業機関(FAO)による最新の調査「世界森林資源評価2010」から、世界の森林の現状をみてみよう(FAO 2010)。世界の森林面積は40億haを少し上回り、陸地面積の31％が森林である。ところが、5大森林国(ロシア、ブラジル、カナダ、米国、中国)の森林面積を合計すると、世界全体の森林の半分以上を占めている。一方、10の国・地域には森林が全くない。このように、地球上の森林は大きく偏って存在している。

このように偏って分布している世界の森林であるが、世界の森林の変化はどうだろうか。2000～2010年の森林面積の純変化(推計値)は年平均で－520万haであり、毎年多くの森林が消失している。それでも、1990～2000年の年平均－830万haに比べると森林減少のスピードは大幅に鈍化している。しかし、世界全体では森林減少が鈍化しているとはいえ、南米やアフリカではこれまでで最大規模の森林消失がみられるなど深刻な状況がある。

3.1.3　日本の森林

日本の森林の現状はどうだろうか。2010年現在の日本の森林面積は2,510万haあり、国土面積の67.3％が森林である。日本の森林は年々減少していると思っている人が少なくないが、実は、日本の森林面積は1980年の2,528万haから現在まで、大きくは変化していない(平成25年度 森林・林業白書)。

地域別の森林率をみると、高知県の84％から茨城県、千葉県、大阪府の31％まで大きな地域差がある(林野庁ホームページ)。

ところで、日本の森林は面積が多いだけではない。北海道から沖縄までの間に、エゾマツやトドマツ、ダケカンバなどからなる北方針広混交林、ブナやミズナラなどからなる落葉広葉樹林(**写真3-1**)、スダジイやアラカシからなる常緑広葉樹林(照葉樹林)、アコウやガジュマルなどからなる亜熱帯多雨林と多様な森林が分布している(**口絵**)。

写真 3-1
白神山地のブナ天然林

写真 3-2
よく手入れされたスギ人工林

さらには、森林面積の41％を占めている人工林(**写真 3-2**)の存在も、日本の森林を語る際には特記すべきことである(平成25年度 森林・林業白書)。

天然林から人工林への積極的な転換は、自然生態系を破壊する環境問題になった経緯もあるが、スギ、ヒノキを植林して立派な森林に育成する技術は、世界で他に類をみない完成度の高い技術である。ところが、林業の長年にわたる低迷のなかで、間伐などの手入れがおろそかになり、各地で人工林の劣化が起きている。一方で、木材自給率は2012年現在27.9％(平成25年度 森林・林業白書)であり、国内に膨大な人工林資源をもちながら、世界各地から大量の木材を輸入、消費するという実態がある。

コラム　森林と森と林

森林と森と林は、いずれも樹木が多数集まって生えているといった意味で、厳密な区分はないようである。しかし、その語源に目を向けると、森は「盛り」からきており、林は「生やし」からきているという説がある。森には神社などの神域という意味もあり、人の手が及ばない森林という意味合いがあるのに対し、林は木を生やしてある所という意味から、人の手によって存在する森林という意味合いがある。この両者の違いは大きい。

宮沢賢治の童話「狼森と笊森、盗森」には、狼森(おいのもり)、笊森(ざるもり)、黒坂森(くろさかもり)、盗森(ぬすともり)の4つの森が登場する。これらの森は、小岩井農場(岩手県)に実在する小さな山であり、地形図にも名前が載っている。小岩井農場観光で乳業工場から岩手山を眺める際に、手前にこんもりと盛り上がってみえるのが狼森である。「狼森と笊森、盗森」の物語は、4つの森に囲まれた野原にやってきた百姓4家族が、森に向かって「ここへ畑起してもいいかあ。」と叫び、森が「いいぞお。」と応えるところから始まる。その後、百姓たちは森に住む狼や山男などとからみあいながら、畑を拓き家を作っていくのである。ここでは、森やそこにいる生き物たちが畏敬の対象として描かれている。狼や山男が住むのは森であって林ではないのである。

歴史的にみれば、このようにして田畑が拓かれて、農山村が成立してきたわけであり、その田畑や集落を支えるために作られたのが、薪炭や肥料を採取する雑木林である。そして、木材を生産するために苗木を植えて、育てたのが人工林である。利用するために人々の手によって作られたのは林であって森ではない。

現在私たちは、森も林もひっくるめて森林と呼んでいる。これは森と林の違いが曖昧になり、木がたくさん生えている場所といった意味しかもたなくなったことの表れともいえる。　［大石］

岩手山の手前にこんもりと盛り上がる狼森

3.2 木

3.2.1 木の種類

森林の定義で明らかなように、木は森林の構成要素として不可欠な存在である。木(木本植物)は植物のなかで、木化(もくか)する、数年から数千年の寿命をもつ、一つの茎に何回も花や実を付けるといった特徴によって草(草本植物)と区別される。

木には、日本国内だけでもおよそ1,300種あるといわれているように、多くの種類がある。木の種類は名前で区別されるが、一般に使われている名前は日本国内で通用する和名であり、その他に世界共通の名前として学名がある。例えばスギは和名で、その学名は*Cryptomeria japonica*である。この種類の上に、近い種類をまとめた科があって、科の名前＝科名がある。スギの科名は従来スギ科だったが、DNA解析に基づいて近年導入されてきたAPG分類体系では、スギはヒノキ科に属している。

木には多くの種類があるが、グループ化してとらえられる。ここでは3つの視点からみてみる。

1つ目は木の大きさで分けるものである。大きな木になるものを高木、大きくならない木を低木と呼び、両者の中間を中木と呼ぶこともある。しかし、何m以上を高木、何m以下を低木とするかといった基準は、取り扱う分野などによって異なっている。ここでは、考え方として木のサイズで高木と低木、あるいはその中間の中木といったとらえ方があるとしておく。なお、木のサイズに加えて幹と枝の区別が明らかなものを高木、幹と枝の区別がつきにくいものを低木とする場合もある。

2つ目は葉の形で分けるものである(**写真3-3～5**)。針のようにとがっている葉をもつものを針葉樹、ヒラヒラした葉をもつものを広葉樹と呼ぶ。マツやスギなどの葉は、実際に針のように細長いので針葉樹にふさわしいが、ヒノキのように鱗片状の葉をもつものも針葉樹である。

3つ目は冬に葉を落とすか落とさないかで分けるものである(**図3-1**)。1年中葉があるものを常緑樹、冬に葉を落とすものを落葉樹と呼ぶ。これは、正確

写真 3-3　ブナの葉　写真 3-4　スギの葉　写真 3-5　ヒノキの葉

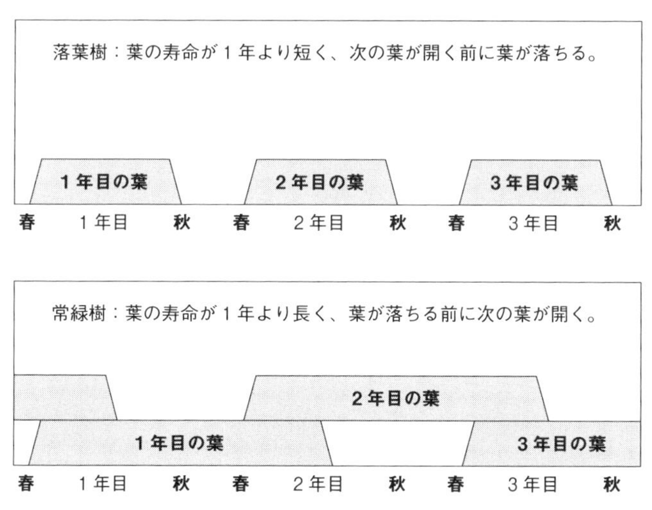

図 3-1　落葉樹と常緑樹の落葉パターン

に表現すると、葉の寿命が1年以上のものが常緑樹、1年未満のものが落葉樹である。常緑樹でも古い葉を落として新しい葉と入れ替えているのであるが、新葉が開く時期にはまだ前の葉の寿命が残っているために、常に葉がある状態が保たれる。一方、落葉樹では新葉が開く前に葉の寿命が来て落葉するので、葉のない時期が生じることになる。日本の落葉樹は、一部を除いて冬期に落葉

写真3-6
ヒノキの伐根(切り株)にみられる年輪

する。落葉は樹種によっては紅葉を伴うので、開花とならんで興味関心の対象になりやすい。

3.2.2　木の成長

木は地球上で最も長生きする生物である。例えば、屋久島(鹿児島県)の屋久杉では2,000年を超え、アメリカのブリッスルコーンパインでは樹齢4,000年を超えている。

樹種によって成長の仕方が異なるために、サイズや形が大体決まっている。木の成長は、幹や枝の先端が伸びて木が高くなる伸長成長と、幹が外側に向かって太くなる肥大成長によっている。木の生育には太陽光が欠かせないが、光の要求度合いなどによって、強い光を得るために上に伸びる、あるいは弱い光で耐えられるために下層で枝を広げるなどといった具合に、樹種によってさまざまな樹形がみられる。

肥大成長は樹皮のすぐ内側にある形成層の細胞分裂によって行われる。春から夏にかけては成長が盛んで大型の細胞が形成されるために淡色の木材が形成され、夏から秋にかけては小型の細胞が形成されるために濃色の木材が形成され、それらが1年に1回ずつ繰り返されることによって年輪が形成される(**写真3-6**)。

写真 3-7
伐根（切り株）からの萌芽

写真 3-8
アカマツの雄花（風媒）と種子（風散布）

3.2.3　木の繁殖

木の成長が生物個体としての1本の木が生きるためのものであるのに対し、生物種としての木が世代を重ねて生き続けるためのものが繁殖である。木は多くが雌と雄の配偶子による有性生殖で種子を作って繁殖するが、なかには切り株から芽が伸びる萌芽（**写真 3-7**）などによる無性生殖（栄養繁殖）で性とは関係なく繁殖する場合もある。

有性生殖では、種子を作る過程と種子を散布する過程が問題となる。種子を作る過程では受粉を何によって行うか＝花粉媒介が重要である。花粉媒介の方法は、風によって花粉を媒介させる風媒と、昆虫や鳥などによって花粉を媒介

写真 3-9
ウメモドキの実
（被食型動物散布）

写真 3-10
コナラの実
（貯食型動物散布）

させる動物媒などがある。

また、種子散布も風によって種子を運ばせる風散布(かぜさんぷ)（**写真 3-8**）と、鳥や獣などによって種子を運ばせる動物散布などがある。動物散布には、動物の体に付着して種子を散布させる付着型、動物に食べられることによって種子を散布させる被食型（**写真 3-9**）、動物が貯食するために運搬することによって散布させる貯食型（**写真 3-10**）がある。

3.3 木　材

3.3.1 木材の特徴

木材は、木(木本(もくほん)植物)がもつ、木化し長い寿命をもつという特徴によって形成される。木材は、樹皮の内側にある形成層と呼ばれる部分で形成され、梢の先まで水を運び、大きな体を支えるために必要な構造、性質を備えている。木は木材を形成することによって、100 m を超える高さまで成長したり、数千年に及ぶ長い寿命を得たりすることができるのである。

四季の気候変化がある日本では、春から夏にかけての時期に大きな細胞が作られ、秋にやや小さな細胞が作られて、冬には成長を停止する。その結果、大きな細胞でできている部分は明るい色に、小さな細胞でできている部分は暗い色になり、年輪が形成されることになる。成長量が多かった年の年輪間隔は広くなり、成長量が少なかった年の年輪間隔は狭くなる。

針葉樹の木材＝針葉樹材では仮道管が大半を占めるのに対し、広葉樹の木材＝広葉樹材では道管と木繊維(もくせんい)からなるなど、針葉樹材と広葉樹材では木材の構造が大きく異なっている。この構造の違いによって、スギ、ヒノキなどの針葉樹材は軽くて柔らかい特徴をもち、ナラ、カシなどの広葉樹材は重くて硬い特徴をもっている。なお、針葉樹材のなかにもイチイのように緻密で重い木材もあり、広葉樹材のなかにもキリのように柔らかくて軽い木材もある。

木材の性質には、その木が育った環境条件も影響する。木の生育に影響を及ぼす環境条件には、気候条件、地形地質、隣接木といったさまざまなレベルがある。人の手で木を植えて育てる林業では、“適地適木”という言葉で、樹種と環境条件の適否の重要さを表している。標高の高い場所や寒冷地など、環境条件の適さない場所への植栽によって、森林の形成に失敗する例があるのは、適地適木を守らなかった証拠である。この他、斜面に生えるなどして、幹が傾いたり曲がったりして育った木には、部分的に堅い木材が形成されることがある。また、台風の強風や極端な低温によって木材に割れが入ったり、病虫害によって木材の変色などが生じたりする場合もある。木は長い年月を経て成長するが、木材はその間の出来事が集約されたものともいえる。

3.3.2 木材の利用

木材は生活のさまざまな道具や住居などの材料として、人間にとって欠くことのできない身近な資源であった。日本の建物は古代から木造であり、縄文時代の遺跡である青森県の三内丸山（さんないまるやま）遺跡からは、クリの巨木を柱とする大型建物の跡が出土している。また、奈良県の法隆寺は、現存する世界最古の木造建造物群として世界遺産に登録されている。

木材には、腐りやすい、燃えやすいといった欠点がイメージされがちであるが、軽量でありながら強度と断熱性を備えた優れた性質をもつ素材である。また、樹種による木材の性質の違いは、それぞれの特性を活かして適材適所に利用することによって、幅広い用途に木材が使われることにつながっている。

家屋などの建物の構造(柱、梁（はり）など)には軽量で強度があるスギ、ヒノキが使われるが、土台には腐りにくいクリが使われるといった具合に、適材適所に使い分けられてきた。その他、衝撃に耐える必要がある道具の柄（え）などにはカシ類の木材が使われ、大切な衣類を入れる箪笥(たんす)には火や水に強く防虫効果もあるキリの木材を用いるなど、生活用具や家具などにはさまざまな樹種の木材が使われている。

この他、製紙原料としての木材の利用にもふれる必要がある。日本の木材消費量は年間70,633千m^3(平成24年木材需給表、林野庁 2012)であるが、このうち44％が紙の原料となるパルプ・チップとして使われており、木材利用の大きな部分を占めている。製紙原料としては、和紙の原料としてのコウゾ、ミツマタがよく知られており、紙幣にもミツマタが使われている。しかし、一般の製紙原料としては、広葉樹、針葉樹ともに幅広い樹種の木材が使われている。

ところで、50万年前の遺跡から火を使った跡がみつかっており、木材は、太古から人間の生活に欠かせない光や熱をもたらすエネルギー源であった。現在に至る間には、木から木炭へ、木炭から石炭へ、石炭から石油へとエネルギー革命が繰り返され、日本でもこの50年ほどの間に、それまで使われていた薪や炭の利用がほとんどみられなくなった。しかし、人間の長い歴史のほとんどの期間、木材がエネルギー源となっていた。そして今、地球温暖化問題が懸念される現在、再生産可能なエネルギー源として木材が再評価されている。

写真 3-11　ペレットストーブと木質ペレット

例えば、木材から作られる木質ペレットは、直径6～10 mm、長さ10～25 mmの円筒形で、ボイラーやストーブへの自動供給や細かな温度調整も可能である(**写真 3-11**)。

3.4　森林と私たち

世界有数の森林国である日本は、古くから森林と密接につながった歴史を歩んできている。約5,500～4,500年前の縄文時代の集落跡とされる三内丸山遺跡(青森県)からは、クリを柱材とした大型掘立柱建物跡が発見され、当時クリの栽培がされていたことも明らかにされている。また、法隆寺(奈良県、**写真 3-12**)では、7世紀末から8世紀にかけて造られた11棟が現存する世界最古の木造建造物群として1993年に世界文化遺産に登録されている。また、日本の一般的な家屋も今なお木造が主流である。

さらに、日本人の生活には多くの木製品が使われてきており、生活のエネルギー源も50年ほど前までは薪や木炭が多く使われていた。この間、都の造営や第二次世界大戦に伴って、大規模な伐採による森林荒廃があった。森林荒廃は森林資源の枯渇にとどまらず、水害の頻発などにもつながったため、伐採規

写真 3-12
現存する世界最古の木造建造物群として世界遺産に登録された法隆寺

制や緑化、防災の取組も古くから行われてきた。その後、高度経済成長期に進んだ石油エネルギーの普及、さらには生活用具等への石油化学製品の進出により、日本人の生活と森林とのつながりは大きく変化した。このような経緯を経て、日本は現在でも国土の7割という世界有数の森林率を維持している。日本では国民1人当たり年間 $0.55\,m^3$(2012年)の木材を消費しているが、木材自給率は27.9％(2012年)にとどまり、国内の森林の4割が木材生産を目的とする人工林でありながら、木材資源の大半を海外に依存している。このため、国内の森林では、樹木の成長に伴って森林の蓄積が増加している。このような状況は、人工林の伐採利用が進まないだけでなく、生育途上にある人工林の手入れが行き届かない、新たな植林が行われないといった事態を招いており、林業の停滞のみならず、森林の健全性にも影響を及ぼす問題となっている。

さて、森林には木材など人間社会が必要とする資源を生産する働きの他にも、自然環境を形成する働きや、森林とのふれあいや森林による精神的、文化的効用も重要であり、近年その価値が注目されるようになった。森林がもっているこれらの働きを、森林の多面的な機能と呼ぶ。森林の多面的機能の主なものは以下のとおりである。

①生物多様性保全機能は、森林を構成するさまざまな生物の生息環境としての働きであり、野生生物の遺伝子や生物種を保全する働きも含まれる。

次に、森林の存在によって環境が保全される機能がある。②地球環境保全機能は、森林の二酸化炭素吸収や水の蒸発散によって地球規模の環境を維持する働きである。地球温暖化問題への対策として森林整備が行われているのは、森林がもつ地球環境保全機能を高めようとするものである。③土砂災害防止機能・土壌保全機能は、木の根や落葉落枝が土砂の崩壊や流出を抑制する働きである。④水源涵養機能は、森林の土壌が降水を貯留して、河川に流れ込む水量を平準化して洪水を緩和するとともに、良質な地下水を涵養する働きである。⑤快適環境形成機能は、森林の物理的な構造による防風、防音、集塵や、森林の蒸発散作用によるヒートアイランド現象緩和などによって、生活環境や農地などの環境を保つ働きである。

最後に、森林から個人へ直接便益がもたらされる機能がある。⑥保健・レクリエーション機能は、森林内の環境や景観が森林浴やハイキングなどの活動を通じて、心身の健康を維持する働きである。⑦文化機能は、行事や芸術の対象や背景として感動を与える働きや、本書のテーマである森林教育の場や素材になる働きである。⑧物質生産機能は、森林が木材や山菜、キノコ等を生産する働きである。

木材は、木材や紙としての利用のみならず、エネルギー源として人類の長い歴史を支えてきた。エネルギー革命によってエネルギー源としての木材を生産する森林の役割は終わったかにみえたが、地球温暖化問題に伴って、カーボンニュートラルなエネルギー源として再び注目されつつある。カーボンニュートラルとは、木材を燃やす場合、樹木が成長する過程で光合成によって吸収する二酸化炭素と、木材が燃える過程で排出される二酸化炭素が相殺され、大気中の二酸化炭素はプラスマイナスゼロで、増えも減りもしないことをいう。

このように、森林には多面的機能と呼ばれる多くの働きがあるが、①～⑤は森林が存在することによって機能が発揮されるのに対し、⑥は機能の受益者自身が森林に接触してはじめて機能が発揮され、さらに⑦、⑧では文化活動や物質生産に必要な特別な技術、技能をもった者を介して機能が発揮されるという特徴がある。また、森林の多面的機能は、個々の機能が単一で発揮されるのではなく、重層的に発揮され得る特徴をもっている。森林がもつこれらの機能やそれらが重層的に発揮され得る特徴は、持続可能な社会、循環型社会を目指す上で重要な意味をもっており、いずれも森林教育のテーマになるものである。

コラム　天然林と人工林

日本の森林の４割が人工林である。人工林の歴史は古いが、多くは戦後に作られたものであり、人が作る森林なので人里に近いところに多く存在する。また、標高の高い所はスギやヒノキの生育に不向きであるため、比較的標高の低い所に人工林が作られているが、森づくりの作業に通い、伐採した木を搬出するためには、人里から近い方が都合よいという事情もある。

人工林は人の手で植えて育ててきたものであるから、地域の人々にとって大切で親しみある存在であった。宮沢賢治の『虔十公園林（けんじゅうこうえんりん）』、唱歌『お山の杉の子』など、スギを題材にした話しや歌は少なくない。

ところで、戦後復興期に続く経済成長の間、成長が早く経済価値の高い針葉樹人工林を増やすための拡大造林が進められ、里山の雑木林や奥山の天然林も伐採造林の対象となった。拡大造林は大規模な林道開設も伴ったため、各地の自然保護運動につながった。世界自然遺産の白神山地（1993年登録）、屋久島（1993年登録）、知床（2005年登録）ではいずれも、世界遺産登録以前に自然保護運動があった。このような経緯もあって、社会一般に人工林は自然破壊という観念が定着したように思われる。

人工林は天然林に比べて保水力が弱い、土砂崩れの原因になる、生物多様性が劣る、等々人工林はだめだという説も広く知られているが、実際にはケースバイケースだ。人工林と天然林のどちらがよくて、どちらが悪いのかという二項対立の議論になりがちなところがあるが、森林教育ではそのようなとらえ方は避けなければならない。豊かな自然環境を守るためには天然林が必要であり、私たちの社会が必要としている木材を供給するためには人工林が必要である。森林が天然林、人工林のどちらか１色というわけにはいかないのである。

［大石］

天然林のなかの人工林

第4章　森林教育の目的と内容

第1章では、森林科学と教育学とを背景とした森林教育について、専門教育および普通教育を含む多様な背景をもっていることを整理し、続く第2章では教育、第3章では森林について整理してきた。これらの整理をふまえ、改めて「森林教育」はどのようなものとしてとらえればよいかを考える。

本章では、これまでの森林教育に関する実践事例の研究などの成果をもとに、森林教育の体系化を試みる。まず4.1では、森林体験活動の実践事例にみる森林教育の内容を整理し、4.2では、学校教育における森林教育の内容を学習指導要領をもとに整理する。4.3では、先駆的に取り組まれてきている森林教育活動の実践事例から、そのねらいを抽出し、改めて森林教育の目的を整理して「森林教育」の定義を試みる。

森林体験活動

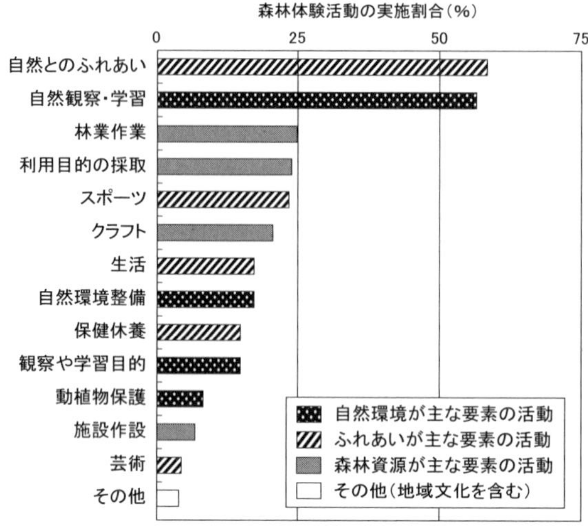

図4-1　さまざまな森林体験活動の実施割合（Inoue・Oishi 2011）

4.1　森林教育の内容

4.1.1　森林教育活動の事例分析をもとにした教育内容

実際に森林で行われてきているさまざまな活動にどのようなものがあるのか、事例調査を行って整理した。森林教育の活動は、室内などでも行われることが想定できるが、森林で行われる体験活動に限定して、森林体験活動の実践事例の収集を試みた（井上・大石 2010、大石・井上 2012）。

調査地は、多種多様な活動が行われている可能性が高い地域として、日帰りでの活動が可能で、平野部から山間部までの多様な森林が存在する東京都八王子市と滋賀県大津市を取り上げた。実施団体には、幼稚園・保育園、小学校、中学校、高等学校、高等専門学校、大学、および社会教育施設や行政、NPO等の各種団体、民間企業などをあわせ、167団体から368事例を収集した。その結果、森林体験活動の目的は、森林・林業普及の他にも、自然環境保全、青少年育成、健康増進、生活環境保全、地域活性化があり、複数の目的をあわせた活動も行われていた。森林体験活動の事例の活動内容を、KJ法を用いて分類した結果、13項目40種類の活動が挙げられた（**図4-1、表4-1**）。

表4-1　森林体験活動の基礎的内容

1.自然との ふれあい・ 楽しみ	(1)自然を利用した遊び (2)自然に親しむゲーム (3)自然に親しむ散歩、散策	秘密基地づくり、木登り、落ち葉遊び、草花遊びなどをします。 自然に親しみ、気づきをはぐくむゲームをします。 自然に親しむために散歩や遠足などで自然の中を歩きます。
2.保健休養	(4)花見・紅葉狩り (5)心身の健康のための休養	春の花、秋の紅葉など四季の自然を楽しみます。 心身の健康のために自然で休んだり歩いたりします。
3.野生生物保護	(6)野生生物保護のための調査 (7)野生生物保護のための繁殖、飼育 (8)野生生物保護のための生息環境整備	動物、昆虫、植物やその生息環境を調査します。 飼育繁殖や苗木育成、植え付けなどをします。 草刈りや清掃などをして生物の生息環境を整備します。
4.自然観察・ 学習	(9)生物の観察・学習 (10)環境の観察・学習 (11)施設の見学 (12)林業の見学	動物や昆虫、植物など生物を観察・学習します。 水や土、地形などを観察・学習します。 自然の中にあるダムなどの施設を見学します。 伐採などの林業作業を見学します。
5.観察や学習 目的の採集	(13)観察や学習のための動植物採集	観察や学習のために動物、昆虫、植物などをとります。
6.利用目的の 採取	(14)燃料の採取 (15)工作・クラフトのための材料採取 (16)食材の採取 (17)堆肥つくり・	燃料にするためにたき木や落ち葉などを集めます。 工作やクラフトの材料にする木、木の実、草花などをとります。 食べるために山菜やキノコ、木の実、魚などをとります。 堆肥をつくるために落ち葉掃き(落ち葉集め)をして積みます。
7.自然環境整備	(18)環境整備	自然環境を整備するために草刈り、伐採、清掃などをします。
8.施設作設	(19)小屋・ツリーハウス作り (20)歩道作り (21)遊具作り	小屋やツリーハウスをつくります。 散策路、歩道、作業路など歩道をつくります。 ターザンロープ、木のブランコ、シーソーなどをつくります。
9.林業作業	(22)植樹・植林 (23)下刈り・下草刈り (24)枝打ち (25)間伐・除伐 (26)伐採 (27)キノコ栽培 (28)炭焼き	木を育てるために苗木を植えます。 育てる木の成長を助けるために周囲の草を刈り払います。 良質な木材を得るために余分な枝を切り落とします。 森林を健全にするために木の間引き伐採をします。 木材を収穫するために木を伐採します。 木を伐採してホダ木をつくり菌を植えてキノコを育てます。 木を伐採して炭を焼きます。
10.クラフト	(29)工作・クラフト	木工、つる細工、草木染めなど自然の素材で作品をつくります。
11.生活	(30)自然の恵みの食体験 (31)キャンプ (32)野外料理・食事	山菜や木の実などを食べます。 テントを張り野営します。 野外で飯ごう炊さんや自然の素材を使った料理をして食べます。
12.芸術	(33)創作活動 (34)舞台芸術 (35)展覧会・ギャラリー	自然を対象に写真を撮る、絵を描く、詩を創作するなどします。 自然の中でコンサート、演劇などの舞台を演じ鑑賞します。 自然の中で絵や写真などの作品を鑑賞します。
13.スポーツ	(36)ハイキング、登山 (37)アスレチック、ロープスコース (38)ゲレンデスキー・スノーボード (39)バックカントリースキー・スノーボード (40)冒険コース	自然環境をいかして歩いたり登ったりします。 フィールドアスレチックなどに挑戦します。 スキー場のゲレンデでスキー・スノーボードをします。 ゲレンデではないところでスキー・スノーボードをします。 沢登りなどの冒険的な活動に挑戦します。

大石・井上(2009)

4.1.2　学校林の活動にみる森林教育の内容

森林で行われている活動内容の調査事例として、次に学校林で行われている活動についてみる。国土緑化推進機構による学校林アンケート(2000年)をもとに、次の42種類の活動が、次の6種類に分類されている。最も多く行われている活動は、下草刈り・枝打ちの作業で、次いで植物観察や動物観察である。フィールドへの関与ができる学校林の特徴として、植樹を含めた作業や活動が多く行われている。

〈自然観察〉　植物観察、動物観察、植物採集、動物採集、名札、巣箱
〈管理作業〉　植林・植樹、下草刈・枝打ち、清掃
〈遊戯・運動〉　マラソン、探検、基地、体育、ゲーム、料理、キャンプ、登山、絵を描く、詩を作る、読書、音楽、散策、オリエンテーリング、工作
〈地域文化〉　陶器、炭焼き、地域調査、養蚕、森で働く人
〈林産業〉　椎茸栽培、その他栽培、山菜茸採り、測樹、森林教室、山小屋作り
〈生態系〉　植物調査、動物調査、森林の機能、僕の木私の木、腐葉土作り、ビオトープ

4.1.3　「森林教育」の内容の整理

森林教育の内容について、これらの事例などをもとに整理を行うと、大きく分類して、(1)森林資源、(2)自然環境、(3)ふれあいと、これらを含む(4)地域文化の4つの要素が含まれている(**図4-2**)。

このようにみると、森林教育のなかには、同じ森林というフィールドでの教育活動のなかにも、学校の理科の学習や、自然観察指導員などが行っている自然観察や、キャンプや野外活動、登山やハイキングなど、野外教育や自然体験活動リーダーが行っている五感を使ったふれあい活動、林業関係者が得意とする林業体験など、異なるスキルや内容を含む活動や学習内容が含まれていることがわかる。森林教育は、多様性をもった教育といえよう。

森林体験活動の目的に沿った活動内容を検討するワークショップを行い、活動目的と活動内容を分類してみたところ(数量化Ⅲ類)、活動に利用される自然

(1)森林資源：森林から得られる生物資源の利用を目的とした資源の育成、活用に関すること。

①資源利用：森林から得られる生物資源の採取及び加工、利用に関すること。

②森林管理：森林から得られる生物資源の育成を主目的とした森林の保育、管理に関すること。

(2)自然環境：動植物などの生物、大気や水、土などの環境要素を含む森林生態系、および森林が存在することによって果たす環境機能に関すること。

③森林環境：森林の公益的機能などの学習と、持続的に森林の機能を発揮させるための森林の保全活動を含むこと。

④生態系：森林生態系の観察や調査、さらに生物多様性の保全などの活動を含むこと。

(3)ふれあい：森林の自然環境を活かして、五感を通じて森林に親しむ自然体験活動に関すること。

⑤保健休養：森林での自然体験活動の中で、五感を通じ森林に親しむことを主な目的としたこと。

⑥野外活動：森林での自然体験活動の中で、森林の存在は補助的で、活動の主な目的は活動そのものにあると考えられること。

(4)地域文化：森林や樹木を含む地域、山村、および森林に関わる人の暮らしに関すること。

⑦地域環境：地域性に関わる内容の中で、身近なみどりなど主に物理的な環境に関すること。

⑧暮らし：地域性に関わる内容の中で、催事や文化、林業を営む人や職業など主に人の暮らしに関すること。

図4-2　森林教育が含む内容の要素　(井上・大石 2010)

の機能(生産⇔環境)と、活動の志向(人間のため⇔自然のため)の視点から、森林資源、自然環境、ふれあいと、それらが融合した地域文化に分けられた(**図4-3**)。

森林教育には、多様な要素が含まれているため、学校教育のなかでみると、多様な教科での展開が可能であり、森林のなかで詩を作ったり、音楽会を行うことも含めると、全ての教科につながる可能性があると考えられる。

森林教育の多様性は、森林教育が幅広く展開可能な可能性を秘めている一方、一体何が森林教育なのかをわかりにくくしている。「森林の中で遊んでいれば、それが森林教育である」ととらえられる可能性も考えられる。

そこで次節では、何が森林教育の内容なのか、学習指導要領をもとに、森林の内容を抽出する。

4.2 学習指導要領における森林

「学習指導要領」は、小学校、中学校、高等学校等ごとに編纂されており、各教科等の目標や教育内容が定められている。2008～2009(平成20～21)年改訂の新学習指導要領をみると、幅広い教科等に森林との関係がみいだせる内容があることから、森林は各教科の教材になり得るものであり、森林を使うことによって教科横断的な学習が可能であることがわかる(「学習指導要領における「環境教育」に関わる主な内容の比較」、文部科学省 2013)。以下、森林に関わると考えられる教育内容を抽出する。

4.2.1 小学校

社会科3・4学年では「自然環境、伝統や文化などの地域の資源を保護・活用している地域」、5学年では「国土の保全などのための森林資源の働き及び自然災害の防止」が掲げられており、地域や国土という広がりのなかにおける森林について学習することが考えられる。理科3学年では「身近な自然の観察」、6学年では「生物間の食う食われるという関係などの生物と環境とのかかわり」が掲げられており、森林を構成する動植物について学習することが考えられる。生活科1・2学年では「自分と身近な動物や植物などの自然とのかかわりに関心

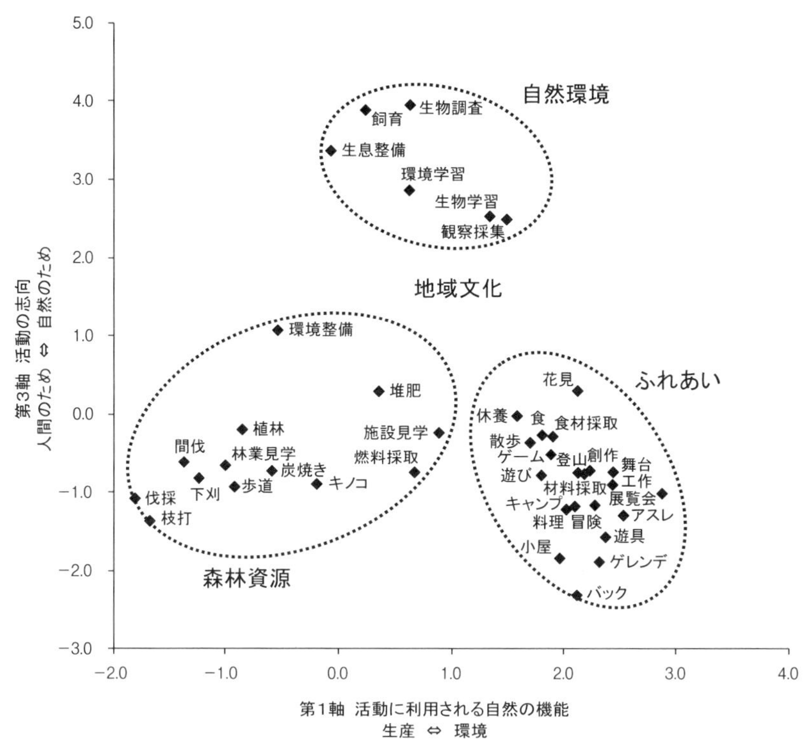

図4-3　森林体験活動の内容分類（大石・井上 2012より作成）

をもち、自然のすばらしさに気付き、自然を大切にすること」が掲げられており、身近な森林にふれあうことが考えられる。家庭科5・6学年では「自分の生活と身近な環境とのかかわりに気付き、物の使い方などを工夫」が掲げられており、環境と家庭生活のかかわりなどにおいて、環境や資源としての森林について学習することが考えられる。道徳5・6学年では「自然環境を大切にする」が掲げられており、身近な森林や世界遺産、希少生物などについて学習することが考えられる。総合的な学習の時間では「体験活動、観察・実験、見学や調査、発表や討論などの学習活動」が掲げられており、さまざまな森林体験活動を通じて学習することが考えられる。森林体験活動には、観察・実験、見学や調査の要素を含む活動や、その成果を発表や討論に展開することも考えられることから、総合的な学習の時間と森林体験活動の親和性は高い。

4.2.2 中学校

社会科地理的分野では「世界の人々の生活や環境の多様性」、「環境やエネルギーに関する課題」、「自然環境が地域の人々の生活や産業と関係をもっていること」、「持続可能な社会の構築のため、地域における環境保全の取り組みの大切さ」、社会科公民的分野では「公害の防止など環境の保全」、「地球環境、資源・エネルギーなどの課題解決のための経済的、技術的な協力の大切さ」、「持続可能な社会の形成の観点から解決すべき課題の探求」が掲げられており、環境、資源、エネルギーとしての性質をあわせもつ森林を教材として学習することが考えられる。理科第1分野および第2分野では「自然環境の保全と科学技術の利用の在り方について科学的に考察」、「持続可能な社会をつくることの重要性の認識」、理科第1分野では「日常生活や社会における様々なエネルギー変換の利用」、「人間は、水力、火力、原子力などからエネルギーを得ていること、エネルギーの有効利用の大切さ」、理科第2分野では「自然環境を調べ、様々な要因が自然界のつり合いに影響していることの理解」、「自然環境保全の重要性の認識」、「地球温暖化、外来種」が掲げられており、環境、資源、エネルギーとしての性質をあわせもつ森林を教材として学習することが考えられる。技術・家庭科技術分野では「技術の進展が資源やエネルギーの有効利用、自然環境の保全に貢献」、「生物の育成環境と育成技術、生物育成に関する技術を利用した栽培又は飼育」、技術・家庭科家庭分野では「自分や家族の消費生活が環境に与える影響について考え、環境に配慮した消費生活について工夫し、実践できること」が掲げられており、森林の資源やエネルギーとしての有効利用や森林の育成について学習することが考えられる。道徳では「自然の愛護」が掲げられており、森づくり活動の考え方を学習したり、実際に活動に取り組んだりすることが考えられる。総合的な学習の時間では「体験活動、観察・実験、見学や調査、発表や討論などの学習活動」が掲げられており、さまざまな森林体験活動を通じて学習することが考えられる。森林体験活動では、観察・実験、見学や調査の要素を含む活動が考えられるので、総合的な学習の時間と森林体験活動の親和性は高い。

4.2.3　高等学校

地理歴史科世界史Ａでは「持続可能な社会への展望について歴史的観点からの探求」、地理歴史科世界史Ｂでは「環境や資源・エネルギーをめぐる問題などの考察」、「持続可能な社会への展望について歴史的観点からの探求」、地理歴史科地理Ａでは「環境、資源・エネルギーなどの問題から、持続可能な社会の実現を目指した各国の取組、国際協力の必要性の考察」、地理歴史科地理Ｂでは「環境、資源・エネルギーなどの問題を大観」が掲げられており、環境、資源、エネルギーとしての性質をあわせもつ森林を教材として学習することが考えられる。公民科現代社会では「持続可能な社会の形成に参画するという観点から課題を探求する活動」、公民科倫理では「環境などにおける倫理的課題の探求」、公民科政治・経済では「持続可能な社会の形成が求められる現代社会の諸課題を探求する活動」、「国際社会の政治・経済における地球環境と資源・エネルギー問題などの探求」が掲げられており、森林のもつ資源やエネルギーとしての側面や、森林や林業の持続性を教材として学習することが考えられる。理科では「持続可能な社会をつくることの重要性をふまえながら環境問題等の内容を取り扱う」とされ、理科の科学と人間生活では「身近な自然景観と自然災害」、理科の物理基礎では「水力、化石燃料、原子力、太陽光などを源とするエネルギーの特性、利用」、理科の生物基礎では「生物の多様性と生態系」、理科生物では「生態系のバランスや生物多様性の重要性」、理科の地学基礎では「地球温暖化、オゾン層破壊」、「日本の自然環境の恩恵や災害など自然環境と人間生活とのかかわりについて考察」が掲げられており、森林のもつ資源やエネルギーとしての側面を教材として学習することが考えられる。家庭科家庭基礎では「環境に配慮したライフスタイルについて考え、主体的に生活を設計」、「環境負荷の少ない生活、持続可能な社会を目指したライフスタイルを工夫し,主体的に行動する」、家庭科家庭総合では「持続可能な社会を目指して資源や環境に配慮した適切な意思決定に基づく消費生活」、「資源や環境に配慮した生活を営むライフスタイルを工夫し、主体的に行動する」、家庭科生活デザインでは「環境に配慮したライフスタイルについて考え、主体的に生活を設計」、「環境負荷の少ない生活、持続可能な社会を目指したライフスタイルを工夫し、主体的に行動する」が掲げられており、環境、資源、エネルギーとしての性質をあわせもつ森林を教材として学習することが考えられる。総合的な学習の時間では「観察・実験・実習、調査・研究、発表や討論などの学習活動」が掲げられており、総合的な学習の時間ではさまざまな森林体験活動を通じて学習することが考えられる。森林体験活動には、観察・実験、見学や調査の要素を含む活動や、その成果を発表や討論に展開することも考えられることから、総合的な学習の時間と森林体験活動の親和性は高い。

コラム 非常識な常識

日本は世界有数の森林国である。大都市であっても、日常の生活で目にすることが多い生き物は木ではないだろうか。ところが、その身近な木に関する誤った理解が常識化しているので、３つの例を紹介しよう。

１つは、聴診器を木の幹に当てると木が水を吸い上げる音が聞こえる、というものである。木が吸い上げる水の通り道は微細なパイプであり、吸い上げる水の速さは、速い場合でも１時間当たり数10cm程度とされている。このように細くてゆっくりした水の流れが、人間の耳に聞こえる音を発生することはない。聴診器を木の幹に当てると聞こえる音は木の枝が風でこすれる音や、周囲の環境音が木に伝わって聞こえるものと考えられる。

もう１つは、切株の年輪で方角がわかるというもので、年輪の間隔が広い方が南とされている。木は太陽光を受けて成長するのだから、太陽がある南の方向の成長がよくて年輪は間隔が広くなるのだという。ところが、斜面に生える木の場合、針葉樹は斜面の下側、広葉樹では斜面の上側の年輪の間隔が広くなる性質がある。その他にも周囲の木との位置関係などによって、年輪幅の偏りは一定方向にはならない。実際に切株の年輪をみれば、さまざまな方向に偏っていることがわかるはずである。

最後は、枝の位置が木の成長に伴って上がっていくというものである。立っている木を見ると、小さい木には低い位置まで枝があるが、大きな木では低い位置に枝がないということからこのようなことになったと想像できる。しかし、それは低い枝が枯れ落ちた、枯れ上がりのためであり、枝が上方へスライドしたわけではない。幹や枝の外側に新たな組織ができて大きくなっていく木の成長の仕方を理解すれば、このような話にはならない。

［大石］

4.3　森林教育の目的

前節までは、森林教育の内容を整理した。森林教育の内容には、大きく分けて、(1)森林資源、(2)自然環境、(3)ふれあいと、これらを含む(4)地域文化の4つの要素が含まれており(**図4-4**)、学習指導要領をみると、直接的に森林や林業を扱っている内容は多くないものの、自然や環境、ライフスタイル、体験活動、調査や発表など、森林教育が貢献しうる内容が多く盛り込まれている。次に、こうした幅広い内容を含む森林教育の目的について検討する。

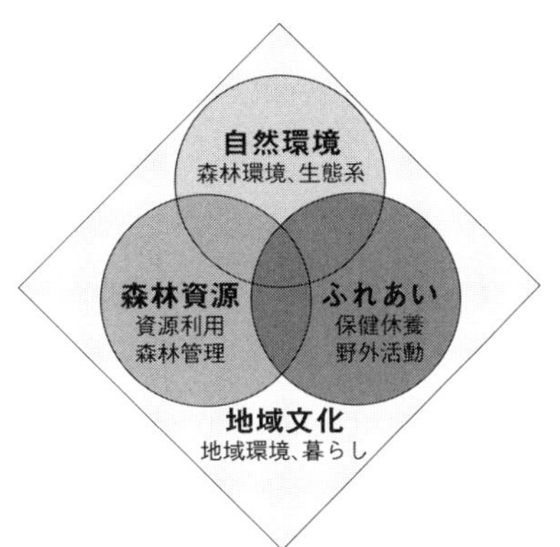

図4-4　森林教育の4つの要素
(井上・大石 2010より作成)

先述した森林体験活動の実態調査から(4章1.1参照)、実際に行われている森林体験活動の目的をみると、国有林や林務関係者が行う森林環境教育や林業の普及活動としての林業や森林に対する知識の普及など以外にも、自然環境の保全、青少年の健全な育成や人々の健康増進、地域の生活環境の改善や地域の活性化など、さまざまな目的が挙げられる(大石・井上 2009)。森林体験活動の目的を大きく分けると、森林そのものが学習の対象となっているのか、森林は教育活動を行う場となっていて教育活動を支えているのかに分けられる。

そこで、森林教育の目的を整理するために、本節では、森林そのものを学ぶ学習内容としての森林の意義と、森林で行う体験活動としての意義とに分けて、第2章で整理した学校教育や環境教育など、今日求められている教育の目的をふまえ、それぞれの内容を整理する。また、これまでに行われてきている森林教育の実践事例の目的を整理した研究事例をもとに、森林教育が貢献しうる内容を検討し、森林教育の目的の構築し、森林教育の定義を提示している*。

* 本節の内容は、日本森林学会誌96(井上・大石 2014)をもとにしている。

4.3.1　森林教育のねらい

(1) 学習内容としての森林の意義

「森林」は、第3章でみたように、多様な要素から構成されており、見方によって多様な定義がされている。森林は広く「林地と林木の総称」として、「樹木が優先する植生」をもち、「植物動物およびそれらを取り巻く環境からなる生態系のうち、相観的特徴として樹木が目立つもの」、「生態的な機能としては、陸上で最大の現存量を持つ生態系」、「地上で最も複雑な構造と高い機能を持った生物集団」ととらえることができるだろう。森林の定義には、見た目での定義や、利用することを目的とした定義もある。これらの定義の違いから、森林は人間にとって何であったかが時代とともに変化しており、人間の関わりによって影響される存在といえる。

改めて、森林科学でとらえられている「森林」、「森林生態系」、「林業」について、用語を整理してみる。

「森林」は、森林を解説した百科事典の項目をみると、森林の解説として、森林の分類(形態や構造)、機能(生物相互作用、光合成、食物連鎖、エネルギー、物質循環、遷移)、森林資源(木材、林業、持続的森林管理、環境保全)、森林と人間(人間と森林との関わりの歴史)、21世紀の森林(森林の今日的意義、新しい価値観)となっている。森林をどのようにとらえるかは、自然環境としての存在だけではなく、人間との関わりや利用、価値観が背景となっている。

「森林生態系」は、「森林群落にすむ生物の生命活動と、それを取り巻く無機的環境との間の物質とエネルギーのやり取り、および生物間の相互作用の体系的な現象の総称」(藤森 2001)で、森林を取り巻く環境と生物体との間で、光合成に基づく生産と、物質、エネルギーの循環が行われ、生産と消費、分解のシステムを構成している。

森林と人間との関わりである「林業」は、「森林に働きかけて木材を生産する産業的営み」で、森林施業など何らかの人為的な行為を森林に対して行う「森林経営」が、経営原則に則って行われてきたものである。近年では、森林施業を行わなくても、総合的な視点が必要とされる森林管理が求められるようになってきている。「森林資源」としては、直接的な経済資源である木材や特用林産物に加えて、間接的な生物多様性、観光資源、野生鳥獣生息環境、保健休養、文化醸成、環境教育も含み、多様な森林の機能が認識されてきており、これらを俯瞰した森林の管理や経営が必要とされてきている。21世紀における森林は、国際的に「持続的森林管理(持続可能な森林管理)」として、その立地の生態系を損なうことのない利用を行う管理が求められている。

以上から、「森林」は、エネルギーや物質循環をもとにした相互作用のある森林生態系であるとともに、人間との関わりによって影響される存在であり、多面的な機能の発揮とその持続的な管理が求められているといえよう。

森林教育では、持続可能な社会の実現が目指され、環境教育やESDの推進が求められている今日、個別の生物の名称を知ることだけではなく、森林が持続可能な資源の供給源で、人間を取り巻く資源環境であるとの認識をふまえることが必要といえる。

(2) 森林で行う体験活動としての意義

森林で行う体験活動としての意義については、野外教育の定義(自然体験活動研究会 2011、2章4.2参照)から、「自然」を「森林」に読みかえて援用できるであろう。すなわち、「森林の中で組織的、計画的に、一定の教育目標を持って行われる森林体験活動の総称で、森林、他存在、自己についての創造的、調和的な理解と実践を、直接体験を通して育む統合的・全人的な教育」といえる。基本構成要素には、教材としての「森林体験活動」、教育の場としての「森林」、根本的な教育方法としての「体験学習」を含み、その目的は、個人と①森林との関わり、②周囲の出来事(他存在)との関わり、③その人自身(自己：自分自身)との関わりの3大学習観点・要素についての気付きや認識の拡大を含む、調和的な生き方を育む包括的、総合的な教育ととらえられる。コミュニケーション力や自己肯定感など、人間がよりよく生きていく上で基本的かつ重要なことをとらえている。森林教育は自然環境や林業のみならず、学習者の成長へも貢献するといえるであろう。

(3) 既往の研究にみる森林教育のねらい

森林教育について整理した関岡(1998)は、広い内容を含む森林教育について、その内容を「自然科学教育としての森林教育」と「人間と森林の関係性についての教育」に大別し、「自然科学教育としての森林教育」は「森林内の生物やそれらの生態、あるいは森林気象等についての認識を深めることを目的とする」ことであり、「人間と森林の関係性についての教育」は「林業、森林レクリエーション、森林学習、森林開発といった、森林の利用や管理に関わる」内容とした。また山本(2004)は、この分類をふまえて、環境教育の視点(気づき、知り、考え、行動する)を参考に、森林教育の学習のステップとして「森林に対する気づき」、「森林に対する理解」、「森林にかかわる問題に対する気づき」、「森林にかかわる問題に対する理解」、「森林にかかわる問題を解消するための行動」と整理している。森林教育と環境教育との関係性については、大石(1998)や比屋根(2003)が指摘しており、持続可能な社会の実現に向けて貢献できる人材を育成することに言及している。

また、実際の森林教育活動で設定されている教育目標について、森林教育に関する資料をもとに内容を整理してみると、森林教育のねらいに次のような内容が挙げられる(**表 4-2**)(井上・大石 2014)。すなわち、①森林について知ること(森林そのもの、森林と人間との関係性)、②森林での体験を通じて育む(森林をとらえる技能、森林と関わる技能、自然観、自分自身や社会との関係)、③人材育成である。内容を整理すると、森林教育では、森林と直接関わる体験を通じて、森林について知ることと、森林と人間の関わり方を身につけ、社会性や感性を育み、21 世紀の持続可能な社会づくりを担う人材育成が目指されている。

森林教育で、専門教育と一般向けの教育を含めてねらいとして挙げられている内容を総合すると、森林や、森林との関係を知ること、森林の多面的な機能や人々の生活と森林との関係、森林に関わる問題を知ること、さらに森林とふれ、親しむなどの体験を通じて、林業、森林経営の技術を身につけ、森林と関わる状況を改善する人材やあらゆる分野で行動できる人材を育成することとなる。

4.3.2 森林教育の目的のまとめ

森林教育のねらいについて、さまざまな側面から整理を試みてきた。

森林は自然の生態系であり、人間との関わりによって影響される存在としてとらえられていた。森林教育のねらいをまとめると、森林そのものと、森林と

表4-2　森林教育のねらい

① 森林について「知る」こと
　(1)自然事象としての森林、木など「森林そのもの」を知ること(知識)
　(2)「森林と人間との関係性」として、森林の多面的機能(環境、林業、森の恵み)、森林との関わり(生活・暮らし、森林に関わる諸問題)
　(3)四季の変化や現実の森林の様子など森林との関わりを通じて感じる「自然観」(感性)
② 森林での「体験」を通じて育む
　(1)「森林そのもの」を捉えるための技能
　(2)「森林と人間との関係性」として、森林の保全や森林（もり）づくり、資源利用、森林に親しみ遊ぶことなど、実際に森林と関わる技能や体験
　(3)「自然観」として、森林や自然に関する緑を愛することや自然への畏怖や、地域や関わりを通じた勤労観や郷土愛を育むこと
　(4)森林での「体験」を通じて育む「自分自身・社会との関係」に関する内容
　豊かな心や創造力など(情緒・精神)、運動や自己鍛錬(身体)、協調性やコミュニケーション力(社会性)、具体的な活動を通じて全体をみる力や知的好奇心、問題解決力など(知の総合化)」に貢献する力を育むこと(森林での「体験」を通じた学び)。
③「人材育成」
　(1)持続可能な社会づくりに貢献できる人材の育成や、国際人や市民としての生きる力の育成など「人材育成」(専門教育、一般向けの普通教育双方を含む。)

(井上・大石 2014)

人間との関係を知ることと、森林での体験を通じて森林と関わる技能を身につけ、自然観や社会性、身体性、感性、知の総合化に関わる力を育み、持続可能な社会づくりに貢献し、21世紀を生きる市民などの人材育成が目指されていた。

以上の分析をもとに、森林教育の目的を、次のように整理する。

森林教育の目的

直接的な体験を通じて、循環型資源を育む地域の自然環境である森林について知り、森林と関わる技能や態度、感性を身につけ、21世紀の社会を生きる市民として、自然と共生した持続的な社会の文化を担う人づくりを目指した教育

森林教育を通じて学ぶべき内容

「**森林の5原則**」:多様性、生命性、生産性、関係性、有限性

「**森林との関わりの5原則**」:現実的、地域的、文化的、科学的、持続的

(井上・大石 2014)

また、野外教育の基本構造（小森 2011）を参考に森林教育の基本構造を図示すると、**図4–5**のようになる。

「森林教育」の目的は、戦後大きく変化してきた学校教育と同じように、唯一絶対的なものではなく、その社会で求められている要請を背景としていると考える。上記の定義は、地球環境問題を背景に、環境教育やESDの推進が求められている21世紀の今日において、持続可能な社会の実現を具体的に示したモデルとして、また、自然と関わる体験が少ない今日の日本の社会において、期待されている役割を含むと言えるであろう。

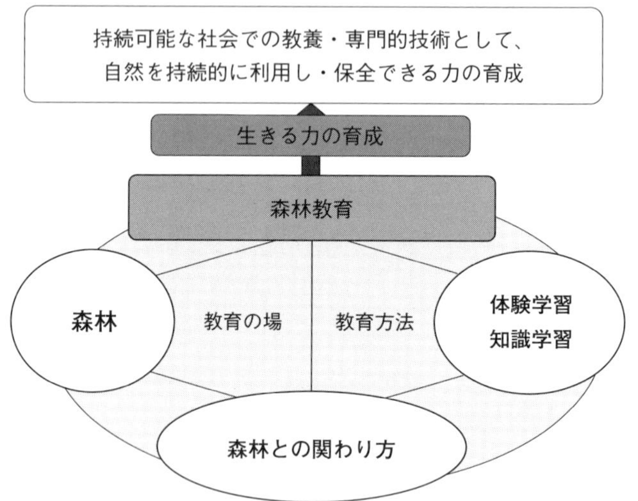

図4–5　森林教育の基本構造　（井上・大石 2014より作成）

第5章　森林教育を実践するための考え方

前章まででは、森林教育の内容と目的についての概念的な整理をしてきた。本章では、実際に森林教育を実践するための理論について整理する。詳しい方法論は、第Ⅱ部実践・活動編で解説するが、本章では、まず、何をどのように行えばよいのかについての理論的な考え方を提示する。

5.1では森林教育活動を構成する要素(4要素)を示し、5.2では、それらをつなげて森林教育活動を企画、運営する流れについて解説する。森林教育活動は、企画・計画に関わるプログラムデザインやマネジメント、さらに体験学習法などの考え方に基づいて実施されている。5.3では、森林教育活動を実際に実施するためには、関係機関やさまざまな専門家との連携や、活動場所の確保や管理などが必要となることから、多様なステークホルダー(利害関係者)との連携に関する理論を概説する。5.4では、教育活動に求められる評価について、何をどのような方法で行えばよいのか、評価に関する理論的な整理を行う。本章では、第Ⅱ部で具体的な森林教育活動の実施方法や実践事例をみる際の基礎を概説する。

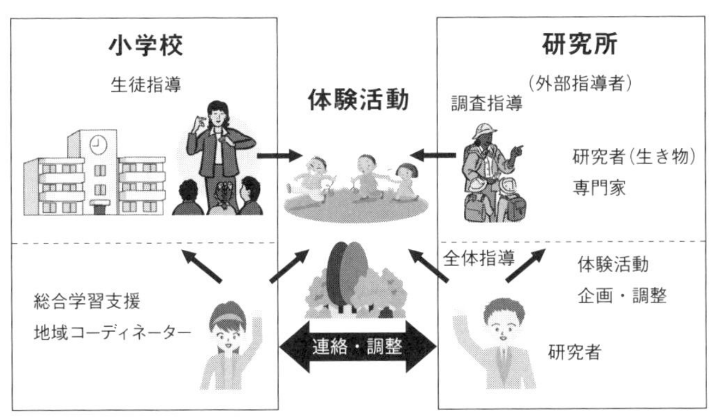

学校と外部機関と連携した森林体験活動の実施体制の例

5.1 森林教育活動を構成する要素

森林教育活動に必要な構成要素は、次の4項目に整理されている(大石 1998)。

① 活動の場や素材となる森林　② 学習主体である学習者

③ 活動の内容であるソフト　④ 学習者を支援・補助する指導者

森林教育活動を企画し、実施するのに際しては、4つの要素全体を視野に入れ、活動を実践するために必要な条件を整える必要がある。各要素については、第7章に詳しいが、各要素を概観しても次のようにさまざまな検討事項が挙げられる。まず、森林教育の企画者・指導者は、活動を行う場所の森林について深く知っていて、使用許可を得ていることはもちろんのこと、屋外での活動を行うために、急な天候の悪化などの緊急時に対応する備えも必要である。学習者は、対象が子どもの場合、子どもの発達段階に応じた説明の仕方や活動内容を工夫することだけではなく、参加する人の興味関心、これまでの経験などもふまえ、無理のない活動内容やねらいを設定することが必要である。また、森林教育の内容が多様であることから、プログラムもさまざまであり、指導者としても自然観察指導員、自然体験活動リーダー、森林インストラクターなど多様である。

森林教育の構成要素の組み立てには、高度なコーディネート力や企画力が求められる。ただし、森林教育活動の実施事例を調べた結果から、活動する場所と活動内容は、次のようにタイプ分類できる(**表5-1**)。森林の利用が許可された学校林など(タイプB)は、多様な活動を行える可能性があるが、誰もが気軽に利用できるタイプAは、通常、採取など森林に影響を与える活動はできず、活動内容が観察や散策などに制限される。タイプCは、特定の目的のための場所になっている。活動場所で、内容はある程度決まるといえる。

表5-1　タイプ別の森林体験活動の場所と活動内容

タイプ	活動場所としての森林	活動内容(例)
タイプA	都市公園や自然公園(誰でも利用可能)	自然観察、散策、ゲーム
タイプB	私有地や学校林(利用者が決まっている)	植物採取、植林や伐採
タイプC	キャンプ場・体験の森など(申込制が多い)	キャンプ、林業体験

(Inoue・Oishi 2011)

5.2　計画と運営

森林教育活動の実践は、教育の目的を達成するために行われる。企画者・指導者は、学習者の状況にあわせて具体的な目標を掲げ、活動場所を考えながら活動内容を検討し、計画を練る必要がある。学校教育で、教科、科目、単元の指導のねらいや評価の観点、授業の流れ(スケジュール)を含む「学習指導案」を作成することに相当する。計画を立てる段階は、プログラムデザインと呼ばれる(**図5-1**は、森林教育活動の計画から実施の流れを示す)。

活動の実施には、体験学習法の理論に基づき、計画(Plan)―実行(Do)―評価(Check)―改善(Action)のプロセスを順に実施していく、PDCAサイクルの考え方が取り入れられている。このマネジメントサイクルは、社会教育の博物館経営、行政の運営(パブリックマネジメント)(大住 2002)、森林では生態系の管理において順応的管理、アダプティブ・マネジメントでも取り入れられている(鷲谷 2008、山田 2009)。

Ⅰ計画(1) プログラムデザイン
① 施者側:思い、ねらいの整理
② 施条件:自然条件(教材・素材、日程)、施設条件(場所)、人的資源(指導者)
③ 学習者側:ニーズの把握
Ⅰ計画(2) 企画
① ねらい(コンセプト)、意義の検討
② 日時、場所の検討
③ 内容(プログラム、アクティビティ)の検討
④ 教材・道具類
Ⅱ運営
① 組織・役割分担:全体指導、プログラム指導、学習者の指導、連絡体制
② 準備・下見・片付け
③ 安全管理・リスクマネジメント
④ スケジュール、マニュアルづくり
⑤ 記録・評価

図5-1　学習指導案の準備　(井上・大石 2011)

コラム　体験学習法

森林教育の実践をする上では、森林の場に行き、さまざまな体験活動がよく行われている。体験を通じた学びが学習者に効果的であることは、理解しやすい。しかし、だからといって、体験学習は体験させればいいという単純なものではない。

教育学での、体験学習法は、J.デューイ(教育学者)の経験主義の理論に基づいている。経験には、能動的な試みる面と、受動的な被る面を、思考を通じて関連付けるなかで、私たちのなかに変化を引き起こすことで、活動から何かを学んだ学習になる。つまり、教育プログラムを通じて体験したことを、学習者が「どんな体験をしたのか」、「どんなことに気づいたのか」、「そこから何を学んだのか」を思い出し考える、ふりかえりの場面をプログラムの最後に設定することで、学習効果をより高める方法といえる。

学習過程は、コルブにより「体験学習サイクル」として整理されている。

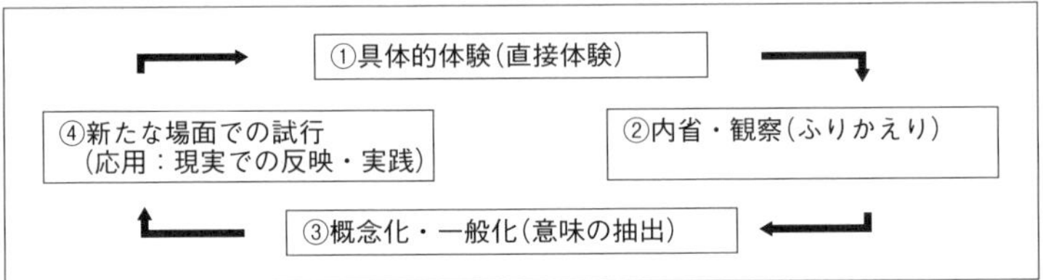

ふりかえりでは、体験について考え、参加者同士で思っていることを発表しあい、共有することで、体験したことをそれだけで終わらせず、次の実践につなげてゆくための起点となる。そのため、体験が「楽しかった」だけではなく、ふりかえりでは、体験の内容(どんな体験をしたのか)、結果(何に気づいたのか)、原因(それはなぜ起きたのか)、成果(何を得たのか)、評価、展望(今後どうするか)、実践などが想定される。

体験学習サイクルは、事業マネジメント分野でのPDCAサイクル(計画、実行、評価、改善)などの評価サイクルとも共通性がある。ふりかえりを通じ、課題発見のきっかけ、課題解決のプロセスにも通じる。

森林体験活動の指導を行う際、活動の終わりにふりかえりの場面を設定すると、思わぬ感想を聞けることもある。是非、活動に取り入れたい。

〔井上〕

5.3　実施体制の作り方

森林教育の意義を理解し、実際にやってみようと思っても、森林体験活動を行うには、どこで(森林)、誰が(指導者)、何を(ソフト)行えばよいのかを考えなければならず、はじめから企画するのは難しい。実際は、外部指導者に依頼することや、フィールドに出かけ体験プログラムに参加するなどの活動が多いであろう。

前節でみた4つの構成要素をふまえて、それぞれをどのように組み合わせればいいのかについて、学校で森林体験活動を行うことを念頭に整理してみる。**図5-2**に示すような実施計画(学習指導案に相当)としてまとめる。

活動名:
実施日時:　20XX年X月XX日(　)　天気対応:小雨決行
所要時間:
実施場所:
対象者:
指導者・支援者:
ねらい:
育てたい力(評価の観点):
事前指示:　服装(長袖、長ズボン、帽子)持ち物(クリップボード、筆記具)
事前準備(道具・資材、服装や持ち物の指示)
　所要物品:
　事前準備:
　前日準備:　フィールド安全確認
　当日準備:
当日の動き:　現地集合○:○○、現地解散○:○○
プログラムの展開(主な活動とねらい)

　導入　○:○○　活動説明・指導者紹介:活動に取り組むための準備
　活動　○:○○　活動①
　　　　　　　　活動②　……
まとめ　○:○○　ふりかえり

留意事項:
　・安全面の配慮、緊急時の対応
　・指導のポイント

図5-2　森林教育活動実施計画に記載する項目例

5.3.1 場所、指導者を探す

学校林など、学校が教育活動に使用できる森林を所有、管理している以外で、学校が活動場所の森林を確保することは容易ではない。前節で整理したように、まずは、体験活動を行うために整備したキャンプ場や体験の森などの施設(**表5-1**、タイプC)に行くことができれば、活用しやすい。遠足や林間学校などの際には、こうした施設の活用を考えることができる。施設のリストは、林野庁のホームページ、こども森林館のなかに、「森のひろば」があり、森林に興味をもちながら森林でのさまざまな体験活動を行う機会を広く提供する場を紹介している(林野庁 2004)。また、各都道府県の森林課などに相談することもできる。地域によっては、教育活動に活用するための「教育の森林」や、「体験の森林」などか整備されているところもある。こうした施設では、体験プログラムなどが用意されていることや、活動の仕方を紹介してもらえること、指導者が指導を引き受けてくれることもある(林野庁 2004)。

近くにこうした施設がない場合でも、身近にある公園や緑地などが活用できることもある。雑木林や都市にある緑地などでは、森林ボランティアなどが森林の活用や森林整備を行っている事例も多い。身近な森林や緑地でこうした活動が行われていれば、森林体験活動に協力してもらえる可能性もある。都道府県や市町村などに問い合わせれば、森林や環境に関する市民活動の情報を教えてもらえるかもしれない。

または、指導者に依頼する場合がある。全国には、さまざまな森林ボランティア団体が活動している。活動団体は、森づくりコミッションポータルサイト「森ナビ」(国土緑化推進機構 ホームページ)に掲載されている。森林のガイドの資格をもち、指導を引き受けている日本森林インストラクター協会では、指導者を紹介している(日本森林インストラクター協会 2002)。自然観察を依頼したい場合は、自然観察指導員(日本自然保護協会)が全国で26,000人以上登録されている(日本自然保護協会 ホームページ参照)。自然体験活動を実施したい場合は、自然体験活動推進協議会(CONE)が自然体験活動指導者を養成し、指導者を紹介している(自然体験活動推進協議会 ホームページ)。またイベント活動も紹介しているので、活動に参加して関係者とつながりをつくることもできる。

5.3.2　森林体験活動を行うには——連携

森林体験活動ができる場所があり、活動の指導者を得られたとして、次に、誰が何をどのように行うのか、活動の指導者と主催者(学校側)との意思疎通を含めた十分な検討が必要である。さらに、活動場所である森林への配慮(森林管理)も必要といえる。よくみられる事例として、外部の指導者に授業を依頼した場合、授業の内容から実施まで全てお任せし、教員は活動時間中にただみているだけで参加しないことがある。このような事例は「丸投げ」と言えるだろう。当日、活動場所に行くだけで、下見も片付けもしない場合も「丸投げ」の例といえよう。

指導者について、筆者らが小学校の森林体験活動に森林の専門家が協力した事例を調査してみると、学校の教員と専門家とでは、同じ活動に対しても考え方に相違がみられる(井上・大石 2011)。森林での活動に対して、専門家は、「森林についての理解を深めること」を目的に、出来るだけ詳しく、新しいことを積み上げ式に教えようとするのに対して、小学校教員は、子どもたちに「自主的に課題発見し、他者との関わりを通じて探求しまとめる」を目的に、同じ事でも何度も確認しながら繰り返して身に付けられるように重複式に教えていた。このように、活動の内容について十分打ち合せを行っていても、指導者の興味、関心などによって、重視する点は異なっていることがある。また、指導方法についても、違いがみられている。専門家は、易しく教えようと努力するが、学年による学習段階まで把握しきれないし、個別の児童への配慮は行いにくい。教員が教える方法とは異なる点がある。このように、外部指導者と連携をする場合には、活動に対する考え方が異なっていることを意識した上で、準備段階での打ち合わせを念入りに行うことが必要である。

市民参加の分野では、協働を行う際のパートナーシップ*の原則が示されている。協働とは、「お互いを理解し合いながら共通の目的を達成するために協力して活動すること」とされており、パートナーシップの原則として、(1)対等、(2)自主性、自立性の尊重、(3)目的共有、(4)公開、(5)時限性の5つを示している(世古 2009)。森林教育活動の指導を外部者に依頼しても、活動時間中に教員がただみているだけの「丸投げ」では、上記の原則から考えて協働とはいいにくい。外部指導者の個性や目的意識を尊重した上で、目的を共有し一緒に活動に参加しながら必要に応じて学習者の支援を行うことで、体験活動の効果があがることが期待できるだろう。

また、活動を行う森林は、人が安全に利用できるような環境になっている場所ではないことを認識する必要がある。森林は、天然林でも人工林でも、常に成長し変化しており、日本では草本類やササの繁殖も盛んである。藪では、危険な生物(オオスズメバチやマムシなど)が生息している可能性も高い。また、森林には所有者がいて、無条件に誰でも利用してよい訳ではない。森林教育活動は、森林であればどんな場所でも活用できる訳ではなく、利用の許可が得られ、かつ、最低限でも歩道や作業道などが整備されている必要がある。特に、管理や整備が行われていない(**表5-1**、タイプB)の場合は、学校林を含めて、その場所がどのような管理がなされているか、配慮が必要である。

産業としての林業が行われている森林では、長期的な展望に基づき、5〜10年にわたる森林計画がたてられ、いつ、どのような管理を行うのかが決められている。学校林などでも、森林の成長を予測し、中・長期的にどのように森林を利用してゆくのか、管理計画を含めた検討が必要である。また、森林の様子は、季節や天候によっても状況が異なるので、そこの場所に詳しい人から情報を得て、危機管理に備える必要がある(第7章7.3参照)。

---

* シェリー・アーンスタインは、市民参加について「住民参加のはしご」を示し、1〜2段階(あやつり、セラピー)は住民参加と言えず、3〜5段階(おしらせ、意見聴取、懐柔)は印としての住民参加、住民の力が生かされる住民参加は、6(パートナーシップ)、7(委任されたパワー)、8(住民によるコントロール)の段階とする。日本の市民参加は、図のように公聴会の開催(①、②)、パブリック・コメント(③、④)などがあるものの、意志決定を行うのは行政である。市民参加としては市民と行政とが同等に政策や計画策定に参加できるパートナーシップ(⑤)が求められる(原科 2005、出典:八巻 2012)。

段階	
⑤パートナーシップ	市民権力としての参加
④意味ある応答	
③形だけの応答	形だけの参加
②意見聴取	
①情報提供	

日本における市民参加の5段階

5.4　教育における評価

現在、森林教育は多様な目的のもと、さまざまな人々を対象に行われている。そのため評価のあり方も多様である。例えば、子どもたちが森林に親しみを覚える事を目的とした活動と、科学的な認識をもつことを目的にした活動では、評価の観点は当然異なるように、教育目的が異なれば、評価の観点も異なる。また、学習する子どもたちの年齢・発達段階によっても評価は異なる。本節では、それぞれの活動の目的や実態に即した評価を行うために、簡易な評価指標の提示やハウツーではなく、「評価とは何か」についての基本的な考え方をいくつか紹介する。

5.4.1　教育における評価——多様な目的とあり方

教育における「評価」というと、「テスト」、「試験」あるいは成績表がイメージされることが多い。この「試験」としてイメージされる評価の特徴は、次の点にある。①普段の学習の時間とは違う評価のための時間がとられる、②標準化された問題を解くことで、学力を測定する、③学力は数字で示され、その結果は子どもたちを序列化したり選別する一助となる。このような評価は、学校教育や受験学力ではなじみ深い。しかし、このような子どもを「値踏み」するような評価だけが教育における評価ではない。

そもそも、教育において行われる評価にはいくつかの異なる目的がある。

まずは、指導方法や教育内容(カリキュラムやプログラム)を改善し、方向付けるための実践の場面で行われる評価である。これは、学習活動が始まる前や学習活動の途中でも行われる。学習活動の前に行われる「事前評価」によって、

教育の評価の目的

1　対象を選別・序列化する「試験」「考査」
2　指導方法や教育内容(カリキュラムやプログラム)を改善し、方向付けるための評価
3　行政評価、外部評価(説明責任を果たすための評価)
4　森林教育の意義や効果を解明する「研究としての評価」

これから取り組む教育内容に対して子どもたちがどの程度の認識をもっているのか、誤解していることやわかっていないことは何かについて教師や指導者が把握することができる。さらに、教育目標や教育内容を子どもたちの実態に合わせて設定するために役立つ。また学習活動の途中で行われる評価は、子どもたちが内容を理解しているのか、あるいは教師の指導についてきているかを把握し、必要に応じて指導方法や教育内容を改善する手助けとなる。このように、学習をより良いものにするためにも、教育活動において「評価」は存在する。

次に、行政評価や外部評価と呼ばれるものがある。これは説明責任を果たすための評価といっても良い。現在、NPOや市民団体、社会教育施設などでも森林教育は行われているが、このような団体や施設によっては、森林教育や評価が外部から求められる場合がある。具体的には、社会教育施設であれば行政評価の対象となり、市民団体などならば助成を受けているファンドへの成果報告などが必要になる。このような外部から行われる評価、あるいは説明責任を果たすために、森林教育活動を評価するケースが考えられる。これはひとつめの教育の改善とはやや異なる「評価」であるといえる。

最後に、調査研究対象として森林教育を取り上げる場合である。森林教育の効果や意義をより普遍的に明らかにするための調査研究がこれに当たる。森林教育は教育活動としてはまだ新しい領域といえる。そのため、森林での活動が子どもたちにどのような影響を与えるのか、詳細にはまだわかっていない。例えば「森林に対して親しみをもつ」ことが目的の場合、教室で綺麗な森林の映像を見ながら学ぶのと、実際に森林に入って山仕事をさせるのでは、どちらが効果的といえるのだろうか。効果を確かめるために、活動の前後で子どもたちの認識の変化を調べ、その分析から森林教育の有効性を確かめようとする研究もある。

以上、大きく分けて「教育評価の目的」には４つ考えられる。ひとつめは、序列や選別のための「試験」や「考査」であるが、森林教育は受験科目でもなく、必修科目でもないため、「試験」や「考査」としての評価は適さないであろう。しかし、残りの３つの「教育方法や教育内容を改善するための評価」、「説明責任を果たすための評価」、「研究としての評価」は、いずれも森林教育において必要なものといえる。

このように、評価の目的は多様であるが、いずれの目的においても「学習者」を評価の対象から外すことはできない。ここでいう学習者とは、学びの対象となる人々のことである。学校教育であれば生徒児童となるし、社会教育においては子どもや若者、大人たちである。教育活動を改善するためであっても、行政評価であっても、研究目的であっても、多くの場合、学習者の学びが評価の対象となるであろう。もちろん、評価の対象は学習者だけではない。活動内容や指導体制や指導者もまた評価の対象になりうる。しかし、そのような場合も学習者の学習成果を通じて評価されることが多く、評価の主な対象はやはり学習者であるといえる。

すなわち、学習内容が学習者の興味をひくものだったのか。指導者の説明に理解できない用語はなかったか。あるいは、学習者が誤解している事は何か。それは活動を通じてどのように修正されたのか。学びの過程、学びの成果——どのような知識や力を身に付けたのか——をみなければ、教育活動を改善すべき点も、森林教育の効果も、指導者の能力も、いずれもわからないからである。

5.4.2　評価方法の多様性——量的評価と質的評価

続いて、学習者、特に子どもたちを主な評価の対象として「評価の多様性」について考える。

森林教育も教育活動である以上、せまい意味での学力だけではなく、関心や意欲、「生きる力」も含めた何らかの「力」を子どもたちが身につける営みとして理解できるであろう。この子どもたちが身に付けた「力」を評価する方法として、誰が採点しても同じ結果が出る筆記式の「客観テスト」はなじみのものだといえる。また、活動の前後で「心理尺度」と言う、心理学の手法により厳密に作られたアンケートを用いて、どのような変化や効果があるのか明らかにし、森林教育の有効性を明らかにしようという研究もある。これは「効果測定」研究として知られ、野外教育の領域で研究が盛んに行われている。

このような客観テストも効果測定も、能力を測る方法として優れた方法で、能力を測る方法として多くの人が真っ先に思い浮かべるのが、このような量的に能力を測る方法であろう。量的に図られた能力は、今日、一般的な能力観であるといえよう。

しかし、近年「客観テスト」に典型的な評価のあり方に疑問が出されるようになってきた。暗記した知識を再生できるのかを評価する時には、客観テストは有効であるが、生きた現実の場面で知識や技能が使いこなせるのか、といった事を評価しようとするとき、こうした測定方法では不十分だと考えられている。そして、意欲や関心を測定するのにも、文脈を切り離した量的な測定方法はあまり適さない。なぜなら、「意欲」とは"何かに対する"意欲なのであり、対象のない意欲など本来は存在しないものだからだ。

近年主流となりつつある「真正の評価」論は、このような文脈に依存する能力や知識に着目した質的評価の考え方をベースにしている。質的評価には、次に説明する「パフォーマンス評価」や「ポートフォリオ評価」などがあり、真正の評価と言う考えに基づいた評価方法のひとつであるといえる。

パフォーマンス評価では、評価の観点(採点基準)となる知識やスキルが、評価の対象となる学習者(例えば子どもたち)に最初から明示されている。子どもたちは現実の生活に即したような身近な場面において、これまでの学習で身に付けた知識を総合的に活用しながら課題に取り組む。そこには、単に暗記した知識を再生する以上の深い理解力が求められる。

ポートフォリオは、学習者が学習の過程における自分自身の成長を記録するものである。具体的には、学習の成果としてのさまざまな作品を集めてゆく。例えば、森林教育ならば木の種類や森林にすむ生物など調べた事をまとめたレポート、あるいは体験活動で作った木工作品、活動後の感想文、それらに対する教師からのコメントなどが収められる作品などが、ポートフォリオの候補といえるだろう。このポートフォリオを、学習者自身が自分の学びを評価する手がかりとする。ポートフォリオは、同時に、教師や仲間と学びの成果を共有することにも用いることができる。自己評価と学びの共有と言う点において優れた評価のあり方である。

5.4.3 科学研究における量的研究と質的研究

森林教育の意義を明らかにしようとする調査研究においても、「量的研究」と「質的研究」がある(**図5-3**)。前述した「効果測定」研究は「量的研究」であ

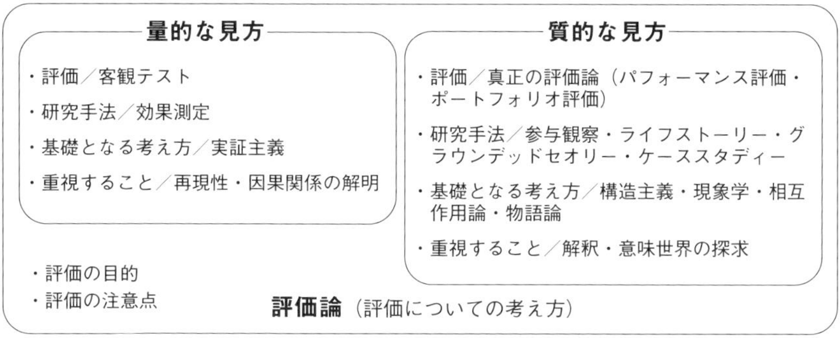

量的な見方
・評価／客観テスト
・研究手法／効果測定
・基礎となる考え方／実証主義
・重視すること／再現性・因果関係の解明

質的な見方
・評価／真正の評価論（パフォーマンス評価・ポートフォリオ評価）
・研究手法／参与観察・ライフストーリー・グラウンデッドセオリー・ケーススタディー
・基礎となる考え方／構造主義・現象学・相互作用論・物語論
・重視すること／解釈・意味世界の探求

・評価の目的
・評価の注意点

評価論（評価についての考え方）

図5-3　評価論を構成する要素

る。定量的研究の成果は数量やグラフで示されるのに対し、質的研究の成果は日常用語に近い言葉で書かれることが多い。質的研究の成果は子どもたちの感想文あるいは教師からみた感動的な表現で記述され、生き生きとした学びの様相をとらえた魅力的なものにみえる。言葉や記述のなかから効果が探れる一方で、そのような研究は主観的で根拠に乏しく、科学的なものではないという根強い批判が向けられることも多い。

量的研究と質的研究に対立が生じるとするならば、そこには、知識とは何か、人間とは何か、科学とは何か、と言う考え方の根本に大きな違いがある。量的研究では、実証主義に根付いた科学観をもち、再現が出来る事、普遍的であること、因果関係で説明する事に重きを置く。普遍的な因果関係が明らかになれば、さまざまな事象をコントロールすることができると考える立場に立ち、因果関係の解明や再現性を重視する。一方で質的研究では、全く異なった考え方をする。人生は一回性のものであり、対象をコントロールすることではなく対象を理解することに重きをおく。そのため再現性は必ずしも重要視されない。

質的研究の背景には、人間の能力や認識が文脈から切り離されないという考え方（構造主義あるいは構築主義）がある。質的研究は、森林教育を通じて子どもたちの認識が「なぜ」変化したのかという因果関係を明らかにするものではなく、「どのように」子どもたちが変化したのか、あるいは森林のなかでの体験は「どのような」経験であったのかを明らかにすることを念頭に入れている（メリアム 2004）。

質的研究の具体的な研究手法としては、「参与観察」、「ライフストーリー」、「グラウンデットセオリー」、「ケーススタディー」などがある。また教育活動が生きた現実のなかで営まれる時、因果関係を明らかにすることは極めて難しいことがあるため、教育研究では、量的研究や質的研究と複数の研究手法を組み合わせた複合的研究もある。

自然科学の手法になじんだ研究者からみると、質的研究は異質に感じるかもしれない。量的な方法は、因果関係の特定や全体の傾向や事実を把握することに長けているが、量でとらえられるものには限界があり、「現実」の「ありのまま」をとらえるというよりも、分解されたり抽象化され操作されたりした「現実の一面」をとらえているにすぎない。森林教育の今後の研究について考えたとき自然科学的手法だけでは限界が生じるであろう。一方、質的研究では、普通の人が当たり前に生きている世界に近い世界観に基づき、特殊な事柄や一回限りの出来事を大切にした研究も可能であるという特色がある。森林教育の特徴を考えたときに、質的研究の果たす役割は少なくないと思われる。森林は教室や実験室よりも想定外の出来事が起こりやすい環境で、対象となる人間が複数で相互に関わりあうという変数が極めて多い状況である。そのような条件の下で生まれる「出来事」は一回一回異なっており、学習者の経験も多様に異なってくる。その場合、質的研究が意味をもつといえるだろう。

ただし、質的研究にも限界はある。それは人間の記憶には特殊な例が印象に残りやすいことや、同じような事が起きると「いつも」起きているように感じてしまったり、周囲の数人がする噂話を「みんながそう言っている」と認識してしまったりする。そのため、質的な方法だけに頼ってしまうと、特殊な事例を安易に一般化してしまうという過ちをおこしがちである。そうなると、実際には改善すべき点がある場合や多くの子どもたちにとっては実のある体験ではなかったにも関わらず、平然とその行為が行われ続けてしまうという害悪をもたらす可能性もある。このような過ちを避けるためには、事実や全体像を把握するために量的な方法や実証主義的な方法が必要になる。

森林教育を対象とした研究方法について考えたときに、重要なことは質的なアプローチと量的なアプローチの双方が限界をもつことを認めた上で、目的にかなった方法を、時には組み合わせて使うことが必要といえる。

5.4.4 評価を行うときに注意すべきこと

評価を行う時に考えておくべき4つの点を挙げる。

(1) 誰が評価するのか

評価するときに「誰が」評価するのかということは重要な視点である。教師なのか、外部の人間なのか、それとも学んだ子ども自身なのか。現実には、そのすべてが評価者となりうる。評価といえば多くの場合、教師や大人がするものと考えがちだが、子ども自身が評価を行う「自己評価」も大切な評価である。これまでの学びの過程をふりかえり評価するという営み自体が、学習者である子ども自身にとっても極めて教育的な意義をもつことも忘れてはならない。実施した教育活動の成果を実施者の視点からふりかえるために行う評価とともに、学習者や参加者の視点での評価も重要になる。

ただし、子どもは学習の目標を立て、評価の観点を決める事が最初からうまくできるわけではない。学習の全体を認識し、自分の学びを評価することは、自分の認知を客観的に判断する「メタ認知」*であり、高度なものである。子どもが自己評価をする場合、「がんばった」、「うまくいかなかった」という漠然とした表現にとどまる事が多いのは、自己評価の難しさを表しているといえる。しかし、このような漠然とした自己評価では、学習を改善する手がかりとして、評価を生かすことができない。

そこで、「相互評価」という方法を用いることがある。子どもと教師・大人が対話をしながら目標を決めたり、評価をする方法である。この方法の利点は、学習を終えた時点での子どもの到達度だけではなく、指導の方法や教育内容の吟味も行うことができる点にある。相互評価では、子ども自身の自己評価では見過ごしていた観点を、大人が「こんなこともできていたよね」と評価することで、子どもの認識の幅を広げたり、やり取りの過程で子どもの自己肯定感を育む事にもつながる。しかし、「客観テスト」などと比べると時間がかかる方法であるため、すべての場面で相互評価を行うのは難しいであろう。

重要なことは、評価を誰が行うのかという多様な観点を、教育の場面に応じ

---

* メタ認知：自分の外にもう一人の自分をたてることを指す心理学用語。片上宗二(2003)メタ認知(『教育用語辞典』、ミネルヴァ書房)、500。

て使い分けるという点である。

(2) いつ評価するのか

「いつ」評価するのかという観点について、多くの場合評価は学習後に行われる。しかし、指導方法や教育内容を決めるためには、活動前に子どもたちの状態を把握する「事前評価」も必要になるかもしれない。また、学習の途中で行われる評価は、目標や教育内容、指導方法の修正などに役立つ場合が多い。

試験や調査のための特別な場所や時間を設定したものも「フォーマルな評価」と呼ぶが、それだけではなく、教師や指導者が、日々、子どもの発言や反応、態度を日常的に評価しながら、教育活動を行うような、授業や活動の時間内における日常的な評価もある。この日常的な評価は「フォーマルな評価」に対して「インフォーマルな評価」と呼ばれる。いつ、どのような場面で評価を行うのかも、状況や目的に応じて使い分ける必要がある。

(3) 設定した目標以外の評価

教育の目的・目標と評価の関係についてである。森林教育には多様な目的があり、教育の目的や目標に即して評価の観点は立てられる。例えば、林業の必要性について理解を深めることを目的とした森林教育活動では、活動の終了後、学習者が林業に対して認識をどのように変化させたのかを調べる、という具合に目的と評価の観点は強く関連している。

しかし、教育活動では副次的な効果や最初目標としていなかった思わぬ効果を生むことがある。森林教育のような自然の中での体験活動では、相手が自然であるために思いもしなかった出来事が起こることがあり、森林の中の活動を通じて教師や引率の保護者が学ぶといったケースも多々ある。あるいは、子どもたちの関係が豊かになったり、自然と親しむことがせいぜいだと思われていた幼い子どもたちの間で、科学的な認識が共有される事もある。このような教育活動の特徴をふまえると、当初の目標にとらわれない評価のあり方も重要になる。

(4) 教育を変える評価のあり方

最後に、評価のあり方が教育実践を変えてしまう可能性があることも意識する必要がある。近年、費用対効果に敏感なためか、行政評価の多くが量的に示される傾向にある。その結果、量的評価になじまない教育活動においても量的な評価が求められ、その結果、社会教育施設などでは、活動の質ではなく参加者数の多い活動が評価される傾向が生まれつつある。そうなると、教育の質を追求するよりも、参加者を集めやすい活動だけが増えてくるという事態が生じる。

このように、評価のあり方は、学びのあり方を変えてしまうことがある。だから、いつ、だれが、どのような方法で、何を評価するのかということは、教育活動においてきわめて重要なことといえる。説明責任の評価の例を挙げたが、どの場面においても、学習者の学びを発展させるための「評価」となるように評価のあり方を考えていくことが、今後求められるであろう。例えば、行政評価においても、数値目標だけではなく、学習者などの対象に応じた目標を設定して、学習者自身も参加した相互評価のような風通しのよいコミュニケーションを採用することが考えられる。学校教育の授業参観のように、説明責任を果たす方法として評価者が参観する形式も積極的に採用されてもよいであろう。

コラム 普及と教育

教師は日々、目の前にいる生徒たちから発せられる無言の圧力、「なぜ？」という純粋な問いに遭遇する。「なぜ、微積分を学ぶのか？」、「なぜ、暑いなか、山での実習をするのか？」、「なぜ、校則はあるのか？」。読者諸氏にも、思い当たる節はないだろうか。その答えに「受験に必要だから」、「学習指導要領に載っているから」、「学校の規則だから」と言っても、生徒からの納得を得られるはずもない。若者は、純粋で真面目な存在である。そのため教師は、日々こうした生徒からの「なぜ」を自問自答する。自分なりの考えや価値判断を提示できなければ、職務を全うできない。

森林教育はどうだろうか。森林・林業の業界では、森林に関する教育活動が普及活動として実践されてきたことに由来するためか、「普及」と「教育」とがほとんど同じに認識されている傾向がある。しかし、本当に同じだろうか。他業種と比較するとわかりやすい。近年、企業による出前授業などが行われているが、特定の企業の普及活動は、教育と称して学校で行えないだろう。

「普及」は、「広く一般に行きわたること、または行きわたらせること」(広辞苑第6版)とされており、森林・林業の分野では、森林・林業への理解を求めることを意味する。一方、「教育」は、学習者を教え育てることであり、「望ましい知識・技能・規範等の学習を促進する意図的な働きかけの諸活動」(同上)である。森林・林業について教える(学習を促進する)ことがなぜ望ましいのか、学習者の成長にどのような意味をもつのかについて、指導者側の「意図」を明確にする必要があると言える。「なぜ、林業について知らなければならないのか？」と学習者に問われた時、指導者として答えなければならない。

本書では、森林教育の整理を試みているが、絶対的な正解がある訳ではない。社会科学は、自然科学と異なり、価値観を伴い、時代とともに変わるものである(正しい教育があれば、文部科学省が批判されることはないであろう)。森林教育を実践する指導者は、目の前の学習者から、教師と同様に、その人の信念や考え、人生観が問われている。「なぜ、森林の仕事をしているの？」。[井上]

林業を学ぶ高校生
(2004年、東京都)

第Ⅰ部　理論編まとめ

第Ⅰ部の理論編は、「森林教育学」を目指した最初の一歩として、森林教育の全体像をとらえるための理論的な検討を行った。

第1章では、森林教育について、明治時代に学校教育のなかで開始された林業教育としての専門技術者の養成、普通教育のなかでの科目「農業」や「手工」、学校林の取り組みと、近年の森林環境教育、木育の提唱に至る流れを整理した。

第2章では、教育は学習者が自ら学び、自ら考える力を育てることを促すもので、指導者が一方的に知識などを習得させることを意味する訳ではないことや、教育基本法および学習指導要領にみる戦後の教育改革のなかで、知識教育重視と体験学習など態度重視との間で揺れ動いてきたことを整理した。また、環境教育およびESD、野外教育の内容を整理し、これらの教育のねらいとして、環境の改善にむけて行動できる人材の育成や、体験活動を通じた社会性や人間性の育成が目指されていることを整理した。

第3章では、森林とは何かについて、森林科学の知見をふまえて概観し、森林の定義や、森林が多面的機能をもつことをまとめた。森林科学では、森林の資源を科学的に把握し、育成しながら活用をするため造林学や、国土の災害を防ぐための砂防学、生態系管理やレクリエーションなどの多面的機能も含む森林生態学や森林風致学、木材の加工技術を含む林産科学などの多様な学問体系があり、教育学についても、理科や社会科などの教科教育、教育心理学や教育哲学、教育社会学など人文社会科学の学問分野、さらに学校教育、家庭教育、社会教育や生涯教育、特別支援教育、幼児教育など幅が広いことをみた。

森林や教育の広がりを視野に入れながら、第4章では、森林教育の内容やねらいについて整理した。「森林教育」を、「直接的な体験を通じて、循環型資源を育む地域の自然環境である森林について知り、森林と関わる技能や態度、感性を身につけ、21世紀の社会を生きる市民として、自然と共生した持続的な社会の文化を担う人づくりを目指した教育」として定義し、また、森林教育を通じて学ぶべき内容として、「森林の5原則」(多様性、生命性、生産性、関係性、有限性)、「森林との関わりの5原則」(現実的、地域的、文化的、科学的、持続的)をまとめている。

第5章では、実際に森林教育活動の実践を行うに当たっての考え方として、森林教育活動の構成要素(活動の場や素材となる森林、学習主体である学習者、活動の内容であるソフト、学習者を支援・補助する指導者)と、実践するための考え方としての体験学習法、プログラムデザインをふまえて、計画、実施、評価、改善に至る流れを整理した。特に、森林教育活動を評価する方法については、教育が人間相手の活動であることから容易ではないが、なぜ評価をするのか、目的をふまえた上での評価のさまざまな方法を取り上げて、評価についての考え方を整理した。

第Ⅱ部実践・活動編では、さらに具体的に活動をどのように計画し、実践すればよいのか、実施事例をふまえて解説する。

(井上真理子)

第Ⅱ部　実践・活動編

森林教育の実践とは

第Ⅰ部では森林教育とは何かについて、理論的な整理を行った。ところで、どのような目標を掲げ、どのような内容を準備しても、人に対する働きかけ、すなわち実践がなされなければ教育を行ったことにはならない。

それでは、森林教育の実践とはどのようなものであろうか。教育の実践というと、教室で講義を受ける様子が思い浮かぶ。その他にも、実験などの実習もある。さらには、遠足や林間学校も教育の一環である。これらは学校教育の実践のイメージであるが、その他の教育でも、室内―野外、講義―実習といった枠組みは同様であり、森林教育も同じである。それでも、森林教育が室内での講義ばかりでよいとは言えない。森林教育は森林および木材に関する教育的な活動であるのだから、実際の森林や木材を使って行う意味は大きい。森林の大きさ複雑さ、木材の重さや質感は、話を聞いただけではなかなかわからない。実際に見て触って感じることが大切で、まさに百聞は一見にしかずである。

ところで、森林教育を行うためには、実際の活動の様子を知ることが役に立つと思われる。しかし、森林教育の内容は第Ⅰ部で示したように幅広い。これから活動に取り組もうと考える人にとっても、既に何らかの活動に取り組んでいる人にとっても、幅広い内容の森林教育の活動を俯瞰してみることは、自分が取り組む活動の位置や意味を見定めるために有効と思われる。

また、森林教育の活動はさまざまな主体によって行われている。さまざまな主体による活動を俯瞰してみることは、主体の違いによる活動の違い、あるいは共通点を知るために有効と思われる。このことは、活動主体としての自分の位置や意味を見定めるために有効であるし、異なる主体が連携して活動に取り組む際の参考になるものと思われる。

さて、森林の大きさ複雑さ、木材の重さや質感を実際に見て感じることの大切さについて述べたが、森林の大きさ複雑さ、木材の重さや質感を実際に見て感じるために、具体的に何をどうすればよいのかが問題である。

第Ⅱ部の構成

第6章「さまざまな主体による実践」では、活動主体に注目しながら森林教育活動を俯瞰的にとらえる。まず、6.1では、学校教育の普通教育と専門教育の活動について、6.2では、社会教育の活動、6.3では、教育系から離れ、森林・林業系の主体による活動、6.4では、民間の主体による活動を示す。

第7章「実践ノウハウ」では、森林教育活動を実践していくためのノウハウを紹介する。7.1では、森林教育活動現場を構成する要素である、森林、学習者、ソフト、指導者について整理する。7.2では、計画段階のポイントとして、森林教育活動の目標を設定して方向を定めるプログラムデザインと活動に必要な諸要素の詳細な内容を具体的に組み立てる実施計画立案について整理する。7.3では、実施段階のポイントとして、実施計画に沿って人や物を準備する事前準備、実践現場にいる指導者やスタッフの役割分担、活動を実施計画のとおりに進行させるための進行管理、活動現場の学習者にとっての危険回避、活動現場の自然にとっての危険回避について整理する。さらに、7.4では、活動を実施した後の評価と改善について整理する。また、7.5では、地域を視野に入れて活動現場を構成することについて整理する。

第8章「活動事例～森林教育内容の要素別～」では、森林教育が内包する教育内容に沿って活動事例を挙げる。まず、8.1では、森林から得られる生物資源の利用を目的とした資源の育成、活用に関する内容である森林資源の活動事例を示す。次に、8.2では、動植物などの生物、大気や水、土などの環境要素を含む森林生態系、および森林が存在することによって果たす環境機能に関する内容である自然環境の活動事例を示す。8.3では、森林の自然環境を活かして、五感を通じて森林に親しむ自然体験活動に関する内容であるふれあいの活動事例を示す。8.4では、森林や樹木を含む地域、山村、および森林に関わる人の暮らしに関する内容である地域文化の活動事例を示す。

第9章「学校教育での事例」では、幼稚園、小学校、中学校、高等学校、さらには専門高校における森林教育活動の様子を紹介する。

（大石康彦）

第6章　さまざまな主体による実践

森林教育の活動を実践している主体はきわめて幅広い。森林を場や素材とする活動を実践するという意味では同じであるが、それぞれが活動を通じて目指していることは必ずしも同じではない。活動の主催者やスタッフの意識も大きく異なる場合があり、よく似た場面でも発言や行動に違いがみられる。

そこで本章では、活動主体に注目しながら森林教育の活動を俯瞰的にとらえてみる。森林教育の活動を実践する主体は、教育、森林・林業、民間に大別することができる。教育には学校教育と社会教育があり、学校教育には、幼稚園から大学までの学校教育とともに、高等学校、大学における専門教育が含まれ、社会教育には都道府県民の森や国立・国定公園のビジターセンター、博物館、植物園などの森林学習施設、国や都道府県、市町村の自然の家などが含まれる。さらに、森林・林業には、国や都道府県の林務職員による活動と林業家など森林・林業関係者による活動がある。また、民間には、市民ボランティア、NPO、企業による活動などがある。

6.1 学校教育

6.1.1 普通教育における森林教育活動

学校教育では、幼稚園、小学校、中学校、高等学校、大学において体系的、組織的な教育が行われている。高等学校までの初等中等教育の教育課程は、文部科学省が定める学習指導要領によって、学校で教えられる教科とその内容、時間数などが定められている。普通教育においては、第4章4.2でみたように、幅広い教科等に森林との関係がみいだせる内容がある。しかし、森林教育が普通教育の課程に明示的に位置づけられている訳ではないので、教科等と森林との直接的な関連づけはごく一部に限られ、その他には森林との関連づけの必然性はない。したがって、森林が各教科の教材になり得るものであり、森林を使うことによって教科横断的な学習が可能であるといった、森林の優れた特性を活かす発想が必要である。

(1) 幼稚園・小学校 低学年

幼稚園や小学校低学年では、森林にふれることで森林への気付きや関心をもつことがねらいとなる。幼稚園における日常的な散歩や、小学校低学年における生活科で、近くにある公園に出かけて、四季の草花などにふれる内容が多い。幼稚園のお散歩で近所の雑木林に入った子どもたちは、木の枝を拾い、ミミズをつまみあげるなど、休むことなく森林とかかわっていく(**写真6-1**)。

(2) 小学校 中・高学年

小学校中高学年では、森林やそこに住む生き物を観察して森林を知ることなどがねらいとなる。理科、社会科、総合的な学習の時間などで取り組まれることが多いが、林間学校などで地域から離れた場所の森林を訪れた際には、特徴ある自然を観察することができる。また、十分な時間を使い専門家の支援を受けるなどして、普段の授業では取り組むことができない活動に取り組むことも可能である。林間学校で高原の森林を訪れた小学5年生が班活動で、10m×10mの中のどこにどんな木が生えているのかを調べている。多人数で取り組むと、広い森林の中の様子がわかってくる(**写真6-2**)。

写真6-1
幼稚園の散歩

写真6-2
林間学校における小学5年生の森林調査

(3) 中学校

中学校では、森林についてそこに住む生き物などだけでなく、森林と環境や社会と森林の関わりについても知り、考えることがねらいとなる。各教科で環境や資源、エネルギーなどの問題を扱うようになることから、総合的な学習の時間などでは発展的な内容にも取り組むことができる。中学校の学校林を生徒たちが調査して、森林の生き物たちと生徒たちの都合を考え議論した結果、学校林の一部で間伐を行うことになった。生徒の手で行うことが難しいものについては、専門家に伐倒してもらい、短く切った丸太を生徒の手で森林から搬出

写真 6-3
中学校の学校林からの間伐材の搬出

写真 6-4
高校生の間伐体験

した。現在の林業現場で行われる間伐では、丸太を搬出して利用しても、経費が赤字になるために切り捨てられている場合がある。しかし、学校教育における間伐体験は、森林の手入れを行う活動であるとともに、資源を収穫する活動でもあるのだから、搬出して利用するところまで取り組みたいものである。この例では、搬出した丸太で、プランターなどを製作して学校内で利用した(**写真 6-3**)。

(4) 高等学校

高等学校では、各教科の内容の拡張によって、中学校に比べてさらに環境や資源、エネルギーなどの問題を幅広く扱うようになる。したがって、各教科で森林との関係を多くみいだすことができるが、実際の森林での活動はあまりみられない。冬休みに希望者を募って企画された森林体験活動に、森林や環境に興味をもつ高校生たちが参加した事例での間伐作業体験では、自分たちの手でノコギリをひくが、細いと思った木を倒すのに予想以上に苦労した(**写真6-4**)。樹木の生態や、森林と環境や資源、エネルギーの関係などについて学んではいても、実際の作業からさらに学べることはたくさんある。

6.1.2　専門教育における森林教育活動

(1) 高等学校

森林・林業の専門教育では、従来、林業職公務員や森林組合などへの就職を視野に入れた森林・林業の専門知識や技術に関する教育が行われている(**写真6-5**)。近年では、林業や社会の情勢変化を背景に専門学科の再編が進むなど、森林や林業の専門性を生かしながらさまざまな分野で活躍できる人材を育てることを目指した教育へと多様化しつつある。また、林業の専門的知識に加えて、観光、環境などさまざまな分野で活躍できる人材を育てることも視野に、次のような教育内容が取り入れられている(井上 2006)。

① 林業・森林体験

作業着を着て、ヘルメットを着用し、山歩きをして、刃物などの林業道具を持ち、間伐、下刈り、枝打ちなどの実習をする。中学校の技術で木材加工が必修の内容ではないことから、のこぎりを使ったことのない生徒もいる。生徒の興味関心を引き出すための基礎的な実習から、専門的な内容をさらに深化させるためのチェーンソーやフォークリフト、高性能林業機械などの講習や資格取得も行っている。また、海外研修、現地研修などを行い、その成果を発表する活動も行っている。

② 文化、もの作り(木材加工)

専門性を活かした活動として、ログハウスやベンチなどを製作し、地域に販売している例(**写真6-6**)や、レーザー加工機を導入して、生産品の販売に貢献したり、技術を取得した生徒が指導役になって、子どもたちや地域の人に教える講座も開催されている。

③ 自然観察

森林の学習の基本として、樹木名や木の形、森林の気候帯の学習などが行われている。さらに、植生調査、生物調査、森林管理、野生生物保護の活動などが実践されている。

④ 環境教育

林業の専門科目の内容に、新たに森林の総合的利用、生物の多様性、持続可能な森林経営、地球温暖化防止の取り組みなどが盛り込まれ環境教育の実践も行われている。木質バイオマス利用としてペレット製造に取り組む例もある。

⑤ 野外教育・活動

身近な自然の観察の他、自然環境が異なる地域での登山や自然観察等の現地視察を行っている。また、演習林の施設での宿泊実習では、人里離れた環境の中で、炊飯や集団行動などの集団での共同生活を行う。コンビニが近くになく、携帯電話の電波が通じない場合もあり、また宿泊施設も個室ではなく大部屋での宿泊、共同風呂を利用するなど、今日の学校教育ではあまり経験できない生活体験にもなっている。クラスメート同士で協力しあい、準備や片付け、清掃の他、食事準備や朝の集会等を行うなかで、仲間意識や協力体制づくりを身に付ける貴重な機会になっている(**写真 6-7**)。

また、高校生が指導役になって、間伐などの林業体験を中学生や小学生などに教えることもある。指導体験により、高校生が専門の授業に対する意識をしなおす経験をする。さらに進んで、高校の授業を自然体験活動リーダー(CONE)の資格認定のための講座として認定を受けている学校もある。

⑥ 観光・レクリエーション

科目「グリーンライフ」では、教育内容に農山村体験、グリーン・ツーリズムが盛り込まれている。

⑦ 進路・ボランティア

森林組合などでのインターンシップの取り組み、職場見学などを通じて地域と交流し、卒業生が地元に就職することで、地域の活性化につながっている例もある。また学校によっては、地元の学校に林業科があり、高校生が山仕事に取り組むこと自体が、林業を主産業にした地域を活気づけ、郷土愛の育成や地元への定着に貢献している所もある。

写真 6-5
森林環境科学科の看板

写真 6-6
木材加工の教材—曲げわっぱの材料

写真 6-7
演習林の様子

このように、森林教育を通じて、社会性や人間性への影響と考えられる、たくましさ、仲間との連帯感、協力や協調の必要性、達成感、四季の変化、爽快感などを学んでいる。また、木工では、もの作りの楽しさを学び、その結果、自発的に放課後や週末にも取り組むなど学習意欲の向上につながっている。森林体験講座などで指導役になることで、目的意識の向上につながり、達成感、充実感を得ている。さらに、地域の交流にも貢献している。森林・林業の専門教育を通じたジェネラルな教育、人間性の教育にもつながっている。

(2) 大学・大学校

専門教育では、高等学校の他に、森林・林業関連の大学、大学校がある。大学教育では、実践的な教育活動を行う場として、演習林が活用されている。演習林では、大学が広大な面積の森林管理を実践し、木材の販売等を行うとともに、野生動物調査、研究をふまえた保全にも力を入れている。貴重な野生生物や植物が残る保護地域を含む演習林では、生態系の保全の観点からモニタリング調査を行うとともに、地域住民への生態系などの講座を通じたエコツアーガイド養成を行い、地域との協働によるワイズユースに取り組んでいるところもある。また、地域の子どもたちへの森林教育の場として演習林を公開し、大学生が教育活動を実践する場として活用するとともに、地元の市町村と協力して、演習林を活用した自然学校の運営を行い、地域活性化に貢献しているところもある。また、林業現場のニーズに即した実践的な取り組みとして、大学院で社会人コースを設け、実際に森林管理を担っている人たちに対して、地域の森林の管理に関する専門的な学びの場を設け、新しい時代の森林管理の担い手育成を行う学校もある。

また、大学のサークル活動として、林業体験、森林教育活動、地域の森林や自然を考える活動も行われている。近年活動が注目されている林業女子会も、大学生の活動からスタートしている。学園祭でゴミの分別等の環境貢献活動に取り組む事例は多く、森林・林業関連学科をもたない大学でも、地域の森林ボランティア団体と協力して、森づくり活動を行っていることもある。

自然産業研究所の調査(2014年)によると、こういった大学生や大学校生の卒業生の約7割が森林・林学関連分野に進学・就職している。

コラム　専門高校の魅力

教員は、生徒たちからさまざまなことを教えられる。専門高校（林業科）で勤務していた当時担当していた授業は、演習林実習が多かったので、授業評価は、山（森林）での実習態度や技術が中心であった。実習の「できる」生徒が、成績が「よい」生徒で、説明したことののみ込みも早く、作業は的確で、何よりとても楽しそうであった。ほとんど演習林でしか会わなかったので、実習の「できる」生徒は、優秀なのだろうと思っていた。

必ずしもそうではないことを知ったのは、授業公開の際に普通科目の授業を受ける教室をのぞいてみた時である。そこには、演習林でみている姿とは別人のような生徒の姿があった。教室の机の前に座る姿が、魂を抜き取られたかのようになっている生徒もいた。もちろん、全員ではない。逆に、山（森林）の実習は苦手な生徒が、普通科目では活き活きとしていて、トップの成績だったこともあった。実習でも普通科目でも優秀な成績の生徒もいる。演習林での姿は、生徒の評価軸の一側面でしかいないことを思い知らされた。人間の多様さには、驚いた。体育の授業をみたら、一層違った姿がみえたのかもしれない。人の能力や意欲というのは、非常に多様である。

林業科のクラスは、個性派ぞろいだった割に、生徒同士の仲は良さそうにみえた。その理由の１つとして、林業科では毎年、演習林での宿泊実習を行っており、いうなれば毎年修学旅行があるようなもので、結束が高まるからだと思っていた。それも理由の１つだとは思うが、生徒たちに聞いてみると、別の理由も挙げられた。ある生徒は「中学までは、勉強ができるか、体育ができる以外は認めてもらえない。林業科だと実習もあって、評価が３つになる。評価が固定化しないから、お互いにできないところを認め合えて、それがいい。」と言っていた。生徒同士は、毎日を一緒に過ごすなかで、お互いのことをしっかりみて、評価しているようである。

林業科の生徒たちは、ほぼ全員が「林業科でよかった」と答えて卒業していった。他の学校の様子を聞く限り、私が居た学校だけではなさそうである。林業科で得るのは、林業の知識や技術だけではなく、共感できる仲間との出会いや、将来生きていく自信かもしれない。専門教育の評価をどのように示せばよいのか、研究者となった今、途方に暮れている。　［井上］

専門高校生による間伐体験教室

6.2 社会教育

6.2.1 森林学習施設における森林教育活動

社会教育では、博物館、植物園、自然の家など幅広い主体が、森林教育の活動の担い手となる。これらの施設では、近年の指定管理者制度の導入などに伴って運営の見直しが進められており、地域における体験型の活動への取り組みも少なくない。社会教育は、学校教育に比べて対象者や内容の設定に幅があることから、学校教育では実現できない広がりや奥深さを追求することが可能である。

森林学習施設は、森林に関する学習が可能な施設であり、都道府県民の森や国立・国定公園のビジターセンター、博物館、植物園など、全国に992施設ほどある(木山ら 2014)。森林学習施設では、屋内展示が行われている例が多く、ジオラマや模型などを用いて、森林という大きく複雑な対象へ迫る工夫がされている。一方で、ビジターセンターは、公園などを訪れる人々を対象に、地形・地質、動植物等を容易に理解できるよう解説、展示するための施設であることから、職員がフィールドへ出てガイドウォークなどを行う例がみられる。また、博物館や植物園などでは、屋内展示に加えて屋外展示を行う例もあり、さらに地域住民とともに地域の自然と向き合う活動を行う例もみられる。

独特の植物相をもつやんばるの森の国頭村環境教育センター(沖縄県)では、NPOが管理委託を受けて、ガイドウォークなどを行っている。生態系を保護するためにガイド同行でのみ歩くことができるコースもあり、さまざまな生物の解説に加え、戦後復興のための木材や薪炭材の供給や、米軍によるサバイバル訓練の演習地として利用されてきたやんばるの森の歴史などについて、インタープリター(自然解説員)の解説をうけながら歩くことができる(**写真6-8**)。

続いて、博物館、植物園などの屋外常設展示の事例をみてみたい。森林総合研究所多摩森林科学園(東京都)では、木と人との関わりをテーマとする常設展示「森のポスト」がある。木の特徴を解説しているパネルと、その木の性質を生かした木製品などを入れたポストが展示され、実際に生えている木と加工された製品とを、同時に見たり触ったりすることができる(**写真6-9**)。

写真6-8　やんばるガイドウォーク
(国頭村環境教育センター・沖縄県)

写真6-9　森のポスト
(森林総合研究所多摩森林科学園・東京都)

万博記念公園(大阪府)における空中観察路では、森林や樹木の姿を樹冠レベルで観察することができ、地面に立って観察することができない、大きな木の幹上部で枝が分かれていく様子や、樹冠での葉や花の様子を間近に見ることができ、森林や樹木の姿を立体的に把握することができる(**写真6-10**)。

森林体験センター(Wald erlebnis zentrum・ドイツ ミュンヘン市)の体験の小径には、2.4 kmを1周する間にさまざまな体験ができる10カ所の展示が設けられている。そのうちの1カ所は、1990年2月末にヨーロッパを襲ったハリケーンによる風害跡地に設けられている。説明板には、風害によって壊滅的な被害を受けた森林に苗木を植え、100年がかりで森を再生していく過程が図示されており、目の前の森が再生途上の姿であることがわかるようになっている(**写真6-11**)。

常設展示は、利用者だけで利用できることから、施設が開いている時であれば、いつでも誰でも利用できる特徴を備えている。

最後に、森林学習施設による地域活動の事例を紹介する。平塚市博物館(神奈川県)では、地域のフィールドで毎月2回2年半にわたり、自然観察会が行われた。毎月同じコースを歩いて花ごよみをつけたり、小テーマを決めた重点的な観察を行ったりして、地域の自然をとらえ、その成果をガイドブックにま

写真6-10
空中観察路
（万博記念公園・大阪府）

写真6-11
被害と再生過程の説明板
（森林体験センター・ドイツ ミュンヘン市）

とめた。観察会を続けた学芸員の浜口氏は、「この一連の流れこそ、博物館らしい活動の取り組み」と述べている（浜口 2007）。地域の小学生親子からお年寄りまで幅広い人々が、同じフィールドで四季を通じて観察を積み上げていくといったことは、地域に根ざした施設ならではのことと思われる（**写真6-12**）。

6.2.2　自然の家における森林教育活動

自然の家は、豊かな自然を活かした教育活動を志向した施設であることから、森林教育の活動と親和性が高い。国立青少年教育振興機構が運営する国立青少

写真 6-12
自然観察会の成果をまとめたガイドブック
（平塚市博物館・神奈川県）

年交流の家・自然の家をはじめ、都道府県や市町村が運営する自然の家の多くが、自然体験活動をテーマとする事業を実施している。これらの施設の多くが構内や隣接地に森林を持っていることから、自然体験活動の多くが森林に関わっていることは想像に難くない。自然の家は、地域の学校が年中行事として利用する場合が多いことから、現代人が幼少期にもっている森林体験の多くが、自然の家での活動になっていると考えられる。

登山やハイキングは、自然の家によくみられる活動である。頂上へ登ったり、長い距離を歩いたりする過程で、樹木や草花の姿をみたり、頂上から広大な森林をながめたりする体験は、森林を知るためのよい機会になっている。また問題を解きながらコースをまわるウォークラリー・追跡ハイクも、自然の家でよく行われるプログラムである。その場所とは関係のないクイズが出題されていることもあるが、森林にかかわる設問がされている例も少なくなく、本物の森林で学ぶことができる森林教育の機会になっている（**写真 6-13**）。

また、自然の家では、野外炊事やキャンプファイアが定番であり、薪を燃やすという共通点がある。現代生活では薪を燃やす機会はほとんどないので、人類と火の長い歴史に思いをはせることができる貴重な機会になっている。さらに、薪はカーボンニュートラルな木質バイオマスエネルギーであり、持続可能な社会を考えるよい機会にもなる（**写真 6-14**）。

自然の家のプログラムに欠かせないものに、クラフトがある。クラフトといっても材料や方法などさまざまあるが、いずれも室内で行える雨天時対策として欠かせない。リースなど、森林から得られる木の実や木の葉、ツルなどを使って作れるものも少なくない(**写真6-15**)。

箸づくりといった生活用具を作るプログラムもある。なかには、秋田県における曲げわっぱづくりのような、地域の伝統工芸を体験できるプログラムもある。これらは、森林から得られるさまざまな素材を使って、生活を豊かにするもの作りが体験できる森林教育の活動である。

施設構内や近隣の森林が深刻な松枯れ被害を受けており、荒廃した森林を再生するために、植樹などの活動を行う「森林守り隊」をプログラム化している例もある(**写真6-16**)(国立赤城青少年交流の家)。

ここで紹介した自然の家の活動は、スケールの大きな自然を活かした登山やウォークラリー、都市部では実施不可能な焚き火、自然の素材や地域の伝統文化を活かしたクラフト、さらには、地域の環境問題の解決に関与する活動まで、いずれも自然の家などがもっている空間・時間スケールの大きさの特性を活かしたものである。一方で、自然の家の指導者には学校教員が多く、必ずしも森林や森林に関わる活動に通じているわけではない。利用する学校の側でも旧来のキャンプやレクリエーション活動のイメージがあって、活動が固定化しがちである。最近では、地域のNPOや森林組合等と連携を図る施設も出てきているので、自然の家等での森林教育の活動への取り組みが増えることが期待される。

6.3　森林・林業

6.3.1　林野行政による森林教育活動

国や都道府県の林務公務員や林業家など森林関係者が森林教育活動に取り組んでいる。林野庁が推進している森林環境教育は、「森林内での様々な体験活動等を通じて、人々の生活や環境と森林との関係について理解と関心を深める」(平成14年度 森林・林業白書)ことを目標としている。都道府県では、各地域の出先機関等に配置されている林業普及指導員、国有林では、森林ふれあい

写真 6-13
追跡ハイクで問題を解く小学生

写真 6-14
薪を燃やす

写真 6-15
スギの枝を使って作ったリース

写真 6-16
森林守り隊によって植えられた木

写真 6-17
県の林務職員による小学生への指導

推進センターや森林管理署が、森林環境教育の推進を担当している（林野庁・森林管理局ホームページ）。これらは、いずれも森林・林業への国民の理解促進を図る普及活動を基礎に、森林環境教育の推進に取り組んでいる。

都道府県と国有林における森林教育活動には、学校を対象とする支援と、学校以外を対象とする支援がある。学校を対象とする支援は、学習活動と指導者養成に分かれる。学習活動への支援には、活動の実施に必要な活動場所（森林）、指導者、教材やプログラムの提供があり、指導者養成には、学校教員を対象とするものと学校教員以外の地域の人材を対象とするものがある。

都道府県による学校対象の支援は、林務組織が自ら提供する場合が多いが、地域の森林・林業関係者等の人材を紹介する場合もある。林務組織が自ら提供する場合、活動場所（森林）には森林公園や都道府県有林が用いられ、活動の指導には林務職員が当たる（**写真 6-17**）。また、地域の人材を紹介する場合には、単に紹介だけを行う場合と、活動の日時や内容等のコーディネートまで行う場合がある。さらに、教材として森林の副読本を作成、配布している都道府県もある。また、指導者養成は、教員を対象に行う場合と、教員以外の地域の人材を対象に行う場合がある。教員を対象とする研修は、学校現場に森林教育活動の指導ができる教員を配置できることから、学校に活動実践力が備わる点で効率がよい。一方で、学校においては森林教育が教科に直結したものではないことから、学校教員の森林教育の研修参加者が限られる点が問題である。一

写真6-18
国有林職員による森林ツアー

方、地域の人材を対象とする研修は、森林インストラクターや森の案内人などの養成講座として各地で行われている。近年、都道府県において森林の育成等を目的とした森林税の導入例が増えており、森林税による事業の一部として森林環境教育の推進が図られている。なかには県下全ての小学４年生を対象に森林体験学習を行っている、滋賀県の「やまのこ」事業のような例もある。

国有林における学習活動支援は、森林ふれあい推進センターや森林管理署が自ら提供している。活動場所（森林）には国有林が用いられ、活動の指導にはセンター等の職員が対応する。なかにはオリジナルの冊子を製作して、活動の教材として利用している例もある。

次に、学校以外を対象とする森林教育活動の事例をみてみよう。都道府県においては、森林祭などのイベント開催がみられるが、大人数を対象とする上、限られた時間での活動であることから、普及啓発の色合いが濃い。一方、国有林においては、森林散策や森林ツアーなどの単発イベントと、森林講座などの連続イベントが行われている（**写真6-18**）。前者は比較的普及啓発の色合いが濃いが、後者には森林・林業に関する学習を深めるものもある。以上はいずれも公募型のイベントである。この他、国有林においては、学校などが体験活動や学習活動を行うフィールドとして、国有林を継続的に利用できる遊々の森制度を行っている。

ここで紹介した林野行政による森林教育活動は、森林教育活動の場や素材となる森林を最もよく知り、扱うことができるセクターである都道府県の林務組織と林野庁の国有林組織によるものであり、その支援内容は他のセクターが代替することは困難なものが多い。一方で、学校教育現場の考え方や事情に対する理解が十分でない場合もあり、連携する場合の課題となっている。

6.3.2 林業家による森林教育活動

森林のプロである森林所有者や林業経営を行っている林業家の側から、広く森林についての理解を伝えるために、さまざまな体験活動の場として所有している森林を解放して行われている活動がある。

森林ボランティアの活動に林業家が支援、協力している事例として、旧東京都五日市青年の家が挙げられる。社会教育プログラムとして地元の産業である林業を取り上げた「木と人のネットワーク」の活動(1986年にスタート)では、地元の林家に指導を依頼した森のワークキャンプ活動が行われてきた。内容は、施設で行う炭焼き体験の他、植林、下刈り、間伐、枝打ちといった林業体験活動を、林業家の所有地を借り、指導を仰ぎながら、キャンプに参加した都市に住む青少年や大人が体験をするというものである。現在は市民活動として継続している(**写真6-19・20**、Shall We Forest Tokyo)。

また秋田県では、1991年から、林業家が所有地の約30 ha(約550 m四方)の里山を市民に解放し、「森林と健康」を基本テーマとして、子どもたちから高齢者まで幅広い世代が「健康の森」に集い、森に遊び、森に学びながら、心と体の健康、森の健康について考え、森と人との共生を目指して活動を行っている。1994年からは、森の保育園の活動も行っており、2002年には沿岸部の海岸林の植林活動も行っている。活動内容は、子どもたちが森林の中でのびのびと活動する森の保育園の活動、植樹や森林の保育作業、炭焼き体験などである(**図6-1**、秋田森の会・風のハーモニー)。

林業家個人での取り組みの他にも、地域の林業家の集まりである林研グループによる取り組みも行われている。地域の後継者を育成するための取り組みとして、専門高校生を対象とした高性能林業機械の実習や、チェーンソーや刈り払い機などの林業機械の実習、職場でのインターンシップが行われている。

その他、小学生など広く一般の子どもたちを対象とした自然観察会や、林業

写真 6-19
林業家による間伐体験指導

写真 6-20
下刈り鎌

体験活動、丸太や木材を活用した木工体験、裏山を体験活動ができる森林として活用するために、間伐材でのベンチづくりや、歩道を整備し、落ち葉を敷き詰めた上を冬用のソリで滑る落ち葉スキーなど、森林を知り尽くした林業家ならではの多様な活動が展開されている。

また、プロの林業家の名人と出会った高校生が聞き書きする「森の聞き書き甲子園」の取り組みが、2013年に10年を迎え、映画『森聞き』も製作されている。プロの技にふれることを通じて、高校生にとっての生きるモデルとなるとともに、地域に住む名人にとっての誇りともなる取り組みとなっている。

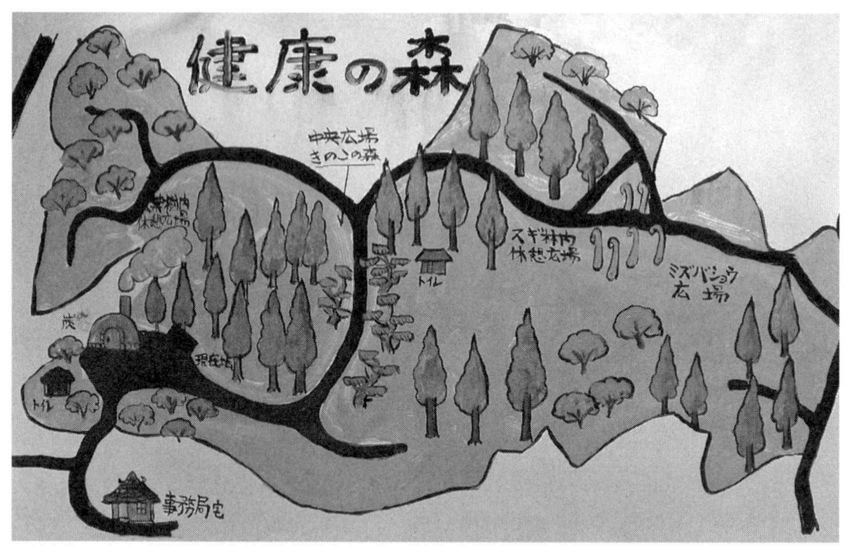

図 6-1　林業家による森林の公開（秋田県佐藤清太郎氏の健康の森）

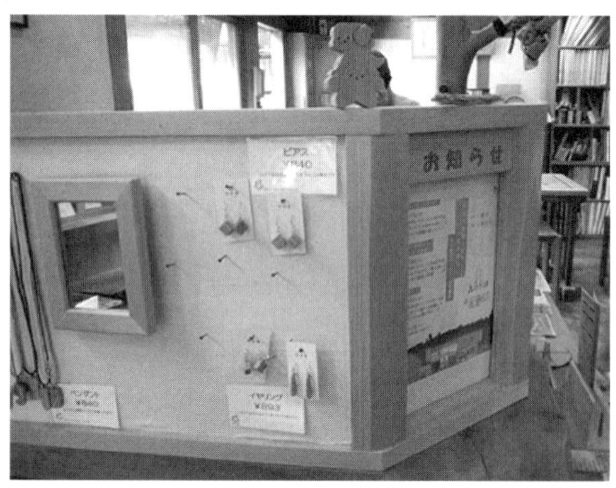

写真 6-21
木を使った製品
（きまま工房木楽里）

木材の加工を通じて実際に木を使うことを理解してもらうための木工工房を開いている事例もある（**写真 6-21**）。

コラム　環境教育林とは？

祖父母世代が子ども時代を過ごしたかつての日本では、野山は資源を得る場所であり、野山を駆け巡り、山菜や薪を集めることが珍しくなければ、教育活動として自然体験活動は必要ないのかもしれない。しかし、都市での生活者が多い今日の社会では、動植物を見たり、採取したり、焚き火を囲む機会は少なく、緑地があってもフェンスで囲まれていて中に入れないこともある。学校では、授業時数や安全管理の問題で、郊外活動を行うことも容易ではない。そうした社会においては、安全に、森林の中に入って学習活動に取り組むことができる「環境教育林」が必要であり、誰でも利用できる森林が広く一般に向けて公開されていることが有効になってくるであろう。

筆者らが勤務している森林総合研究所多摩森林科学園は、「森林環境教育林」を目標に掲げている。当園は、1991（平成3）年から、広く一般の方々に森林（樹木園等）と、森林に関わる展示をしている展示館（森の科学館）を通年で公開している。東京都八王子市に位置し（JR高尾駅より徒歩10分）、交通の便が良い。標高183～287mのなだらかな地形で、周囲を住宅地に取り囲まれる中に残った森林となっている。樹木園（7ha）には、林業用の高木樹種を中心に約500種、約6,000本の樹木があり、サクラ保存林（8ha）には、約1,300本のサクラが植栽されており、樹名板が整備されている。ほ乳類（20種）、昆虫（約500種）、鳥（約100種）が観察されており、データも公開されている。こうした施設の良さを活かし、2002（平成14）年から「環境教育林」を指向し、日本植物園協会に加盟した植物園相当施設にもなり、学校の教育活動にも活用されている。

森林学習施設に相当する「環境教育林」の運営には、困難な課題もある。当園は研究機関で、目的はあくまでも森林に関する研究の普及・広報拠点である。植物園などの社会教育施設では、施設の目的として、資料の収集、保管、展示に並び、教育が掲げられている。そのため研究機関としての本来業務と「環境教育林」の運営との両立を図りながら、未知の「環境教育林」のあり方を模索することが求められている。教育の場としては、単に森林があるだけではなく、そこの森林に関する情報があり、教育活動をサポートする体制も求められている。［井上］

樹木園の展示解説

6.4 民 間

6.4.1 市民による森林教育活動

森林で体験活動を行う森林ボランティアは、1980年代から増加し始め、全国で3,000団体を超える市民団体が森林ボランティア活動をしている(平成26年版 森林・林業白書)。多くの都市市民が森林での活動を始めていることは、森林でのボランティアであるとともに、生涯学習などの教育的な意味ももっている。国土緑化推進機構 ホームページでは、そのうち北海道から沖縄まで571団体を紹介している(2014年現在)。

市民による森林教育の担い手として、森林インストラクターの制度がある。1991(平成3)年から始まり、現在3,000人ほどが資格をもち、全国組織をもちながら、自然観察や自然体験活動、林業体験などの指導にあたっている。国有林のふれあい事業の推進役として、森林インストラクターが活動している事例もある。

森林ボランティア活動の事例には、青年の家での林業体験活動のプログラムをきっかけにスタートし、市民による林業家の所有する人工林の管理作業を行う市民グループとして結成された、浜仲間の会がある。新たな参加者への技術指導を行いながら、市民グループとして林業作業を請け負っている。道具をそろえ、技術水準が高まったボランティアメンバーは、地元の高校生の林業体験活動の指導も依頼されている。1学年100名以上の生徒の体験指導を行うには、少数の林業家だけでは足りないため、地域で活動する森林ボランティアのメンバーは、林業体験活動の指導を行う上で不可欠な人材となっている(**写真6-22**)。

また、市民が里山をフィールドに、地域の自然の景観や生物の多様性を守りながら参加者同士の交流をし、楽しく作業を行う活動も行われている。里山の管理に市民が関わることによって、里山の動植物の生息環境が維持されるだけではなく、身近な里山や田園の伝統的な風土景観を保全し、楽しい活動を通して、美しく持続的な生活環境づくりの担い手としての人づくりを行うことができる。

イギリスでは、第二次世界大戦後に薪炭林が活用されなくなり伝統的な田園風景や自然環境が変化するなか、1960年代から市民の手で里山の自然や田園景観を守ろうという気運が盛り上がり、BTCV(英国環境保全ボランティアトラスト)となっている(重松 1999)。

都市部では、公園の管理に市民が関わる事例も増えている。緑豊かな公園で、より多くの人々と、身近に自然があることの大切さ、喜びを共感し、その保全や活用に関する知識・技術を学び合い、ともに行動することによって、人と自然が共生できる社会文化づくりに貢献することを目的にNPOが活動を行っている事例がある(木平 2010)。公園管理の指定管理などを受けながら、人と自然をつなぐための自然体験プログラムの実施や、市街地のビオトープや公園緑地の自然環境を保全するための自然環境マネジメント、公園の安全管理やモニタリング、インタープリテーション(自然解説)を担いながら、公園の自然を活かしたさまざまな活動(田植え、クラフト)の企画・運営や、人をつなぐボランティアコーディネートをしながら、自然と共生できる社会づくりを進めるための仕組みづくりや人材育成が行われている。また林業家の協力のもとで林業体験活動を運営するグループ(Shall We Forest TOKYO)が森林ボランティア活動をしている(**写真6-23**)。

この他、自然環境のモニタリングを行う活動を市民が担うことや、コウノトリやトキの再生を目指したまちづくりを実践するために、行政や企業などとともに市民や学校が連携・協力した取り組み、自然環境を保全しながら利用するエコツアーのガイドとして市民が協力するなど、さまざまな活動が行われている。このように、行政や森林所有者、民間などとの連携した活動のなかで、市民は大きな役割を担っている。

6.4.2　NPOによる森林教育活動

NPO(特定非営利活動法人)による森林教育活動は、全国各地でみることができる。NPOはどの団体も「ミッション」と呼ばれる社会的使命をもっている。環境保全や森林教育の「ふれあい」という観点から、青少年育成をミッションに掲げる団体も森林教育を行っている。

NPOには活動のノウハウやネットワーク、専門性が蓄積されている。森林

写真6-22
下刈り
市民による森林ボランティア活動

写真6-23
間伐前の装備
市民による森林ボランティア活動

教育のように森林に対する的確な理解と効果的な教育に関するノウハウ、森林活動を行うにあたっての安全管理などには高い専門性が必要であり、NPOが果たす役割も大きいといえる。また公教育では公平性が重視されるが、NPOは限定的で特殊なニーズにも応える。だから、NPOの活動は地域性や団体の特色によって多様性に富む。

ここでは、都会の子どもが1年間、村で生活する「山村留学」に森林教育を組み込み、地域活性化へとつなげているNPOの事例を紹介する。

長野県の南部にある泰阜（やすおか）村には「NPOグリーンウッド自然体験教育セン

写真 6-24
風呂を焚くための薪割り

写真 6-25
重労働の丸太運びは協力して乗り切る

ター」がある(グリーンウッド自然体験教育センター ホームページ)。村で一番大きな田本集落の中ほどにグリーンウッドの宿舎がある。敷地内には山村留学生が暮らす大きな母屋、地元の子どもたちが活動する自然学校、来訪者用の宿舎や食堂がある。どの建物にも薪ストーブがあり、訪れた人々を暖める。風呂は別棟に日本一大きな五右衛門風呂がある。

山村留学生は学校から帰ってくると、薪で風呂を焚く(**写真 6-24**)。冬になれば、子どもたちは春先から準備した薪をストーブにくべて暖を取る。グリーンウッドは、自分たちの山を所有していない。そのため地域の人々にお願いして、山に入らせてもらい作業する。チェーンソーによる立木の伐倒は、大人の仕事だが、それ以外は子どもたちが作業を行う。短く玉切りした丸太を山から運び出し、薪割りをし、軒下に積み上げ乾燥させる。それは危険を伴う重労働だ。しかし、その作業を通じて子どもたちは仲間と力を合わせることの大切さや力の弱い子への思いやり、薪という資源を手に入れる苦労とその大切さを学び、また用途や見た目の違いから木の種類についても自然と学んでいく（**写真6-25**）。

グリーンウッドの敷地には、炭窯もある。泰阜村の子どもたちはこの炭窯で炭を焼く。炭材となる丸太を割り炭窯へ詰めていく。出来上がった炭はお正月を迎える際に村人たちが家々で使っている。

ときには、ケヤキの大木を切ったので使ってほしいという村人からのリクエストが舞い込むこともある。この時は、材木を楔（くさび）で割ったり、村の製材所に頼んで板にしたり、子どもたちがテーブルや椅子、サラダボウルやスプーンを作り上げた。木工作というと紙やすりがよく使われるが、グリーンウッドでは紙やすりが使われることはない。よく研いだ小刀とノミで木を削るとつるつるとした木目が出てきて紙やすりは必要ないからだ。ひと彫りひと彫り、形を作り出すその過程で木と向き合い、木の硬さや順目（じゅんめ）と逆目（さかめ）の違いなどを感じながら作品が作られていく。

グリーンウッドのミッションは「教育」なので、子どもたちの学びのために森林教育が行われている。しかし、結果として地域の課題に応えることになっている。それはどういうことか。

子どもたちが作業した森林の多くは、放置林であったが、グリーンウッドの活動によって結果的に山の手入れがなされた。山の木を伐り出し、薪割りをし、火を焚き、炭を使うという一連の活動が地域の暮らしに根付き、「体験のための体験活動」にとどまっていない。そのため、地域資源が教育に利用されるだけではなく、教育活動が地域に還元されることで地域の教育力がより高まり教育の質が高まっていくという好循環が生まれている。

現在では、人口1,900人程度の泰阜村に、自然体験を目的として毎年約2,000人以上の若者や子どもたちが訪れる。過疎の村において大きな交流人口を生み出している。訪問者の多くは村に宿泊し、宿泊にかかわる経費は村に還元される。「教育」が村の産業として位置づいている(辻 2011)。

6.4.3　企業による森林教育活動

企業における森林教育活動は、主にCSR(企業の社会的責任)として行われる。企業における森林教育活動に用いられる森林は、自社所有とその他に分かれる。さらに、自社所有の森林には、本業のために所有している場合と、社会貢献のために所有している場合がある。本業のために森林を所有している例としては、林業会社や製紙会社が木材生産を目的に所有している場合や、飲料メーカーが水資源確保を目的に所有している場合などがある。社会貢献のために森林を所有している例としては、自社の工場や店舗の敷地を緑化した森林を所有している場合が多いが、なかには社会貢献のために森林を取得している例もある。自社所有以外の森林を森林教育活動に用いる場合は、他者が所有する森林を借用して行われる。

ここではまず、企業が本業のために所有している森林を用いて、森林教育活動を行っている事例をみてみよう。林業会社や製紙会社では、木材生産のために所有している森林に、森林教育活動に必要な遊歩道や拠点施設などを整備している例がある。このような森林では、イベントが開催され、なかには自然学校などとして、定期的、継続的な活動が行われる例もある。この場合は、木材生産のための森林の育成、管理を森林教育活動のテーマや内容とする限りは、活動の場や指導者に困ることはなく、実際の林業現場における林業体験活動などを、林業現場にたずさわる職員が指導することが多い。なかには、活動の内容を木材生産のための森林の育成、管理だけでなく、環境問題や青少年育成にひろげる例もある(**写真6-26**)。

次に企業が社会貢献のために所有している森林を用いて行っている森林教育活動の事例をみてみよう。大規模な工場の場合は一定割合以上の緑化義務がある。また、大規模な小売店舗の場合には緑化義務はないものの、企業の社会貢献活動の一環として緑化が行われることが多い。工場や店舗の緑化は造成地への植栽から始まることから、植樹への市民参加イベントを行う例がみられ、その後の森林を育成過程における手入れ作業も市民参加で行っている例がある(**写真6-27**)。

写真 6–26
林業会社の職員による小学生の指導

写真 6–27
工場周辺の森林を活用した活動

写真 6–28
法人の森林における教員研修会

他者が所有する森林を借用して森林教育活動が行われている事例としては、林野庁の「法人の森林」や「ふれあいの森」制度の利用がある（林野庁ホームページ）。「法人の森林」は企業等と国がともに森林を造成・育成し、伐採後の収益を一定の割合で分け合う制度で、森林を造成・育成する過程で森林教育活動を行うことができる（**写真6-28**）。「ふれあいの森」は企業が森林管理署と協定を結ぶことで、国有林を森林教育活動などに利用することができる。

ここで紹介した企業による森林教育活動の事例は、いずれも企業の社会貢献を目的として行われる点が共通しているが、活動に必要な森林と指導者、プログラム・教材を自前でそろえて実施できる企業から、多くを外部から調達して実施している企業まで幅がある。本業のために森林を所有している企業の場合は、本業のなかで森林の管理に必要な人材やノウハウをもっているので、それらを森林教育活動に適用することができる。このように、本業のために森林を所有している企業は、森林教育活動が手近なところにあるといえるが、森林教育活動が本業の普及に陥りがちであるともいえるので、注意が必要である。一方、社会貢献のために森林を所有している企業の場合は、本業のなかで森林の管理に必要な人材やノウハウをもっていないので、それらを企業内部に整備するか、あるいは外部のNPO等に委ねる必要がある。このように、社会貢献のために森林を所有している企業は、森林教育活動の実践のために必要な諸要素を新たに調達する必要があるが、そもそも森林を所有する目的が社会貢献にあるのだから、その森林を森林教育活動の実践に利用するのは、ごく自然であって無理がない。さらに、他者が所有する森林を借用して森林教育活動を行っている企業の場合は、森林の借用自体が森林教育活動の実践を目的としているのであるから、活動の実践は必須のことである。

企業における森林教育活動は、企業の社会貢献活動が発展するなかで、活動を実践さえすればよいものから、活動の内容や成果までが問われる段階に入っていくものと考えられる。企業の経営者や担当者、あるいは企業の森林教育活動に関わるNPO等は、社会貢献活動としてふさわしい活動の実践に取り組む必要があろう。

コラム　自然災害と自然学校

2011年は、東日本大震災や豪雨など未曽有の災害を受けた年になった。被災地では、炊き出しや相互扶助が行われ、阪神淡路大震災の際と同様に数多くのボランティアが活動した。森林・林業の分野でも、海岸林の防災機能が見直され、避難所でのバイオマス燃料の活用(風呂、ストーブ等)、仮設住宅や復興住宅の建設での地元産材活用など、さまざまな貢献をした。その他、震災直後から、避難所の運営で、自然体験活動を行ってきた「自然学校」が大きな力を発揮していたのをご存じだろうか。

「自然学校」は、自然の中などでの教育プログラムを運営されている組織である。「自然学校」の活動は、森林での体験活動を行う組織として、森林教育と関係が深い。「自然学校」は、持続可能な社会づくりに貢献する共生の理念のもと、さまざまな人と社会、自然を結びつけながら、自然体験活動や、地域の生活文化に関わる地域づくりなどの事業を実施している。

東日本大震災の直後、自然学校を運営している専門家が自然学校のネットワークをもとにRQ市民災害救済センターを立ち上げ、被災地の支援活動にあたった。被災地では、混乱した状況のなかで、状況を把握し、課題をみつけ、解決策を検討する早急な対応が求められる。自然学校の運営のノウハウを活かし、まず拠点を整え、さまざまなボランティアを受け入れながら参加者で情報を共有し、各自の自律的な活動を支援することで機動力を発揮した。自然体験で培う力は、災害時の社会づくりに役立つ実例といえよう。(筆者は、2000年の三宅島噴火に遭遇しているが、人口3,800人の島での一部の地区のみ島内避難の段階でも、避難所では人数把握や救援物資の配分について混乱していた。)

自然は、災害と密接に関わっており、森林は、木質バイオマスや国土保全など、災害時や復興に貢献できる。いつどこで災害に遭遇するかわからない日本では、災害地や被災者から学ぶ災害教育も提唱されている。

［井上］

三宅島2000年噴火後の緑化活動
(2009年9月)

第7章　実践ノウハウ

森林教育を進めるためには活動の実践が欠かせないが、森林教育の目的、内容、対象者、担い手などが多様であることから、森林教育活動にもさまざまな形がある。こうした多様性をもつ森林教育を、どのように行えばよいのだろうか。森林教育の活動には、室内での講義のような形態も含まれるが、ここでは、木工や林業体験、自然体験などの直接的な体験を通じた教育活動を前提に考えてみることとする。

森林教育活動の現場としては、一般的に子どもたちが動き回る実践現場の様子がイメージされると思われる。しかし、実践の前には計画段階が、実践の後には評価と改善の段階が必要であり、森林教育活動の現場にはこれらも含まれる。

本章では、体験を通じた教育活動を行うために必要な、活動現場を構成する4つの要素(森林、学習者、ソフト、指導者)と、それらを組み合わせて、森林教育活動を実践するプロセスに沿って、計画、実施、評価と改善の各段階に必要なノウハウを整理し、さらに実践現場をつくるために地域を視野に入れて考える必要について述べる。

学習者と指導者

7.1　活動の構成要素のとらえ方

ここからは、森林教育活動が行われる実践現場について整理する。森林教育活動の実践現場には、①活動の場や素材となる森林、②学習主体である学習者、③活動の内容であるソフト、④学習者を指導・補助する指導者の4つの要素が必要である。

それぞれの要素については以下に述べるが、森林教育活動の実践現場は、学習者を中心としながら、常にこれら4つの要素相互の関係性によって成り立っていることを意識する必要がある。森林教育活動の企画、計画に際しては、4つの要素全体を視野に入れ、活動を実践するために必要な条件を整えなければならない。また、森林教育活動の指導者は、自分自身も含めた4つの要素がバランス良く機能するよう、活動現場全体をコントロールしなければならない。学習者に背を向け森林と対話する指導者、学習者に自分の考えを述べ続ける指導者、学習者や森林に振り回される指導者では、活動現場の4つの要素を活かすことはできない。

このように考えると、活動現場の構成要素を組み立てながら、現場にあわせた活動を行うことは、容易なことではない。

また、森林教育の内容や目的が多様であることから、森林教育活動の指導者に求められる知識や技術も多様である。例えば、林業体験を行う場合と、木材を加工して木工製品を作成する場合、また、自然に興味をもつためのゲームを行う場合、自然を理解するための自然観察を行う場合、自然の環境を活かしたキャンプを行う場合、それぞれ指導者に求められる知識や技術は大きく異なる。これら全てに精通している指導者もいるかもしれないが、多くは得意不得意があるはずである。同じように、学習者にとっても興味のある内容は異なるであろうし、森林の条件によって、できる活動とできない活動がある。

このように、森林教育活動の実践現場では、4つの要素それぞれの条件を考慮しながら、教育活動を計画し、実施することが求められる。本節では、まず森林教育活動現場の4つの構成要素それぞれについてみてみる。

(1) 森林教育活動における森林

森林教育活動における森林は、活動の場や教材としての役割を果たす。活動の場として考えると、森林は他の自然にはない独特の構造をもっていることから、草地などと比べて夏季には暑熱環境が緩和され、冬季には寒冷環境が緩和されるので、快適な環境であるといえる。一方で、屋内の調整された環境に比べれば、暑さや寒さが厳しいことも少なくない。また、森林が成立している場所は平坦な地形から急峻な地形まで幅がある。森林は活動の場として、このような幅広い特性を備えている。森林教育活動の場として考えると、各地に整備されている森林公園などいつでも誰でも利用できる公開型の森林には、歩道やトイレ、休憩所などの施設が整い、安全上の問題も少なく、接近や出入り(アクセス)が容易であるといった利点がある。一方、公開型の森林では、伐採のように環境を改変する活動は、通常許されない。しかし、国有林や地方自治体が所有する森林、民間の会社や林業家が所有する森林では、所有者や管理者の理解と協力を得ることができれば、見学や観察といった範囲にとどまらず、伐採等幅広い活動も可能となる。また、学校林のように活動を実施する側の所有・管理下にある森林であれば、さらに幅広い活動が可能になる。したがって、活動の場としての森林については、そこが活動内容に適合した森林であるかが重要なポイントとなる。

次に、森林教育活動における教材としての森林を考えてみる。森林は一般に多くの生物が関わりあって生息する生態系を有している。さらに、森林は、光、大気、水の流れなどを通じて森林外の環境と深くつながっている。例えば、1枚の木の葉の活動が地球全体の大気環境にまでつながっている。また、森林は私たちの生活や社会とも密接なつながりをもっている。人類の歴史には古くから森林が深く関わり、衣食住のあらゆる面で生活をささえ、芸術や文化の源泉にもなってきた。地域社会はごく最近まで地域の森林資源に依存していた。現在の私たちの生活と森林の関わりは表面上希薄だが、森林の存在なくして生活は成り立たない。このように、森林は森林教育活動の教材として幅広い意味をもっている。

(2) 森林教育活動における学習者

森林教育活動の場となる森林が幅広い環境条件を備え、さらに、森林環境教

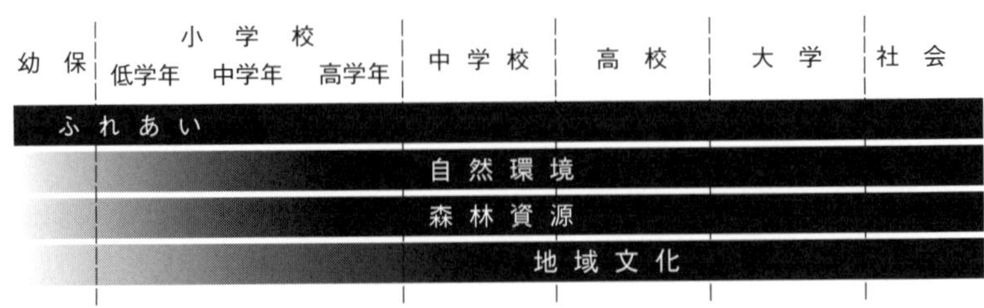

図7-1　年齢層に応じた森林教育の活動テーマ

育の活動がさまざまな内容をもつことから、森林教育活動における学習者として、幼児から高齢者まで、あらゆる年齢層を想定することができる。学習者の身体能力は、幼児期から青年期にかけて充実し、高齢期にかけて徐々に低下することが知られている。知識や思考能力も幼児期から青年期に向けて充実していく。人の成長過程と森林教育が内包する内容を重ね合わせて考えると、成長過程にあわせて幼稚園・保育園や低学年では五感を使って森林とふれあう活動(ふれあい)、小学校の中・高学年からは樹木について学ぶ活動(自然環境)や林業について知る活動(森林資源)、さらに発展した中学校以降では、地域を理解し、森林を守る活動(地域文化)へと展開することができる(**図7-1**)。

また、学習者の経験の程度も、森林教育活動を行う上で重要な点である。これらは、年齢によって異なるとともに、個人や集団の差もある。例えば、学習者が小学生であっても、活動を積み重ねてきていれば、ある程度高度な内容に取り組むことが可能となる場合もある。また、学習者が青年であっても、森林における活動経験が皆無であれば、斜面やヤブなど森林の環境条件に慣れる活動から始める必要もある。

したがって、学習者の状況を事前に、できるだけ早い段階で把握することが重要である。この問題は、学校の学級担任のように学習者の状況をよく把握している者が指導者になる場合には大きな問題ではないが、指導者が活動の時だけ学習者に接する場合には、活動の成否を左右する問題である。学級担任など学習者の状況を把握している者から事前に情報を得るとよい。また、活動の参加者を公募するなど、不特定な学習者を対象とする場合には、事前アンケートによって学習者の状況を把握することが有効である。

学習者の状況を把握することの重要性を強調したが、一方で、森林を教育の場や教材とする森林教育活動の特長として、1つの活動が幅広い学習者を受容しうる点を指摘しておきたい。例えば、小学校の1クラスには、勉強が得意な子ども、体を動かすことが得意な子どもなど、さまざまな子どもがいるが、森林ではそれぞれの特長を生かして活動に参加することができるので、活動からこぼれ落ちることが少ない。同様に、親子など異年齢者による活動や、健常者と障害者が参加する活動なども、無理なく実施できるのが森林教育活動の特長である。

(3) 森林教育活動におけるソフト

森林教育活動におけるソフトは、活動の目標を達成するために用いられる手順や材料である。一般的に、プログラム＝ソフトと理解されているが、プログラムを構成するアクティビティ、アクティビティを構成する場面、さらには場面で使用される教材や道具類もソフトである。

例えば、“森林生態系の不思議”というプログラムが、①導入の話、②気づきのためのゲーム、③自然観察、④まとめの話の、4つのアクティビティで構成され、さらに、③自然観察のアクティビティは、A. 観察方法の説明、B. 観察の実施、C. 観察結果のまとめ、D. 成果の発表の4つの場面で構成される、といった形である。また、③自然観察の各場面で使用される、説明チャートや虫めがねなどの教材、教具もソフトの一部である。つまり、アクティビティや場面、教材、教具はプログラムの構成要素である。したがって、プログラム＝ソフトと考えるのは、決して間違いではない。

ところで、森林教育活動のプログラムは、数多く作られ実践されてきており、多くのプログラム集も存在する。多くのプログラムがあるのだから、実践活動は容易になり、盛んに取り組まれるはずであるが、実際にはそうではない。

そこには2つの理由が考えられる。1つは、プログラムが実践できるアクティビティや場面のレベルにまで落としこまれていないためである。上述の“森林生態系の不思議”の活動が、自然観察を行うプログラムとしか書かれていなければ、実際の活動内容をどのように組み立てたらよいのかはわからない。プログラムは、アクティビティや場面のレベルまで書き込まれなければ、実践できる形にはならないのである。プログラムが、実践例をもとに実践者によって書かれているために、実践者にとっては自明のことと思えるアクティビティや場面に関する詳細な記述が省略されてしまうのである。

もう1つの理由は、一般にプログラムが固定的にとらえられがちなことである。そのプログラムが優れた実践から導き出されたものであっても、森林、学習者、指導者が異なる条件の下では、そのままのプログラムでは必ずしもうまくいかない。条件にあわせた変更は、必須ともいえる。ところが、プログラムを完成した1つのパッケージとみなし、修正や変更が発想されないために、既存のプログラムを生かすことができないでいる。

(4) 森林教育活動における指導者

指導者は、ソフトを用いて森林と学習者との間をつなぐことで活動を実現する活動の駆動者である。指導者というと、一般的に学習者に対して一方的に指導するイメージがあるが、指導者と学習者の関係には、その他にも、双方向的な支援や共同作業などさまざまな形がある。定型的な学習内容を一方通行で指導するガイド(guide)、学習内容の要点を一方通行で指導するインストラクター(instructor)、自然が発する情報やメッセージを学習者に伝えるインタープリター(interpreter)、学習者に寄りそって学習を支援するファシリテーター(facilitator)が挙げられる。

森林教育活動の指導者が、森林と学習者の間をつなぐ役割を果たすためには、森林と学習者に対する理解が重要である。森林関係者は森林のことをよく理解し、学校の教員は学習者のことをよく理解している。しかし、森林関係者が学習者のことを理解し、学校の教員が森林のことを理解することは容易ではない。森林関係者が、学習者が理解できない専門用語を使って話をしたり、経験の無い学習者に過重な作業を行わせたりすることがあるのは、学習者に対する理解不足によるものである。また、学校の教員が、木を植えるのは良いこと、木を伐ることは悪いこととしたり、林業を一面的に批判することは、森林に対する理解不足によるものである。

このような問題に対し、学校の教員は森林のこと、森林関係者は学習者のことに関心をもつことが重要である。特に、森林関係者と学校などが連携して活動を行う場合には、事前に十分な情報交換を行うことが必要である。一般に、事前の打ち合わせは、活動の枠組みの確認にとどまり、森林のことや学習者のことについて十分に情報交換が行われていないように思われる。森林関係者は、学習者の普段の様子や、各教科で学んでいる内容について知ることで、現場での指導を学習者の目線を意識して行うことができる。一方、学校の教員は、森林での活動の意味やその背景について知ることで、学校での事前学習、事後学習を生かすことができるし、活動現場でも学習者に対する適切な支援が可能となる。

なお、各段階に必要な仕事には、活動全体を統括するプロデューサー(制作者)の仕事、活動現場を監督するディレクター(監督)の仕事、活動現場で指導に当たるインストラクター・リーダー(指導者)の仕事が併存していることに注意する必要がある。3つの仕事は、計画段階ではプロデューサーの仕事が中心となり、実施段階ではディレクターとインストラクター・リーダーの仕事が中心となる。規模が小さい実践現場では、この3つの仕事を1人で行うことも珍しくなく、老舗の団体には全ての役割を高レベルで果たすことができる人物によって立ち上げられたものが少なくない。

活動現場で指導に当たるインストラクター・リーダーは、最も目立つ存在であり、森林インストラクターなどの指導者養成も盛んに行われている。一方、プロデューサー、ディレクターの仕事に関する認識はまだ広がっておらず、これらの役割をもつ人の配置や養成はこれからの課題である。

近年では森林教育の活動が広がるにつれて、学校とNPOの連携など、活動現場に複数の団体や個人が関わるなど複雑な構図が生じてきている。そういった現場では、計画あるいは実践の段階で、関係者間を調整する役割が求められることから、プロデューサーの仕事が重要になってきている。このため、団体等のなかにプロデューサーの役割を担う者を配置する例も多い。今後は、森林教育の活動実践を支援する地域のNPOや市民と実践現場との間の調整を担う、中間支援組織の存在も求められていくものと思われる。

7.2　計画段階

計画段階には、2つのステップがある。1つ目は、活動の目標を設定して方向を定めるプログラムデザイン、2つ目は、活動の実施に必要な実施計画の立案である。プログラムデザインには活動の土台づくり、実施計画立案には活動の骨格づくりというそれぞれの役割がある。活動の実践現場をみると、必要な物を揃えるなど事前準備さえすれば活動ができるようにも思えるが、教育活動として意義ある活動を実践するためには、プログラムデザインと実施計画の立案の2つのステップを踏む必要がある。森林教育活動の多くが、不確定要素を多く含む自然の中での活動であることから、予定した内容を安全に行って活動目的を達成するためには、計画段階をおろそかにするべきではない。

活動が繰り返されている現場では活動が定型化しがちで、前回と同様だからと計画段階が軽視されやすい。しかし、森林という自然を場や素材としていることから、活動時の条件は必ずしも前回と同様ではない。学習者も含めて、活動現場の条件は毎回異なるという前提で、計画段階から組み上げていくように心がけたい。

計画段階のプログラムデザイン、実施計画立案を進める仕事は、プロデューサーの仕事である。しかし、プログラムデザインや実施計画立案を進める過程では、ディレクターやインストラクター・リーダーとの情報交換が重要である。プロデューサーは、実践はディレクターやインストラクター・リーダーがするのだからと、プログラムデザインや実施計画の見栄えを優先するようなことがないように気を付ける必要がある。実践が困難なプログラムデザインや実施計画が持ち出されるようなことは避けなければならない。一方、ディレクターやインストラクター・リーダーは、活動の実践現場を動かすのは自分だから、参加者が楽しめて、評判がよければ結果オーライだと、プログラムデザインや実施計画を軽視してはならない。掲げた目的からはずれた活動では活動の意義が失われかねない。プロデューサー、ディレクター、インストラクター・リーダーは、役割分担を意識しながらも、活動目的の達成に向けて一体となって動くことが肝要である。

7.2.1 プログラムデザイン

プログラムデザインは、活動の目標を設定して方向を定める枠組みをつくるものであり、その内容は、実施者のねらい、学習者のニーズ、実施条件で構成される。プログラムデザインは、活動実践に至る過程の出発点であり、活動実践の基盤となるものである。プログラムデザインは、活動の意義を保障するために行うものともいえる。プログラムデザインを行う際には、外側の大きな枠組みから整理していくことがポイントである。プログラムデザインが活動の実践を前提とするものであることを考えれば、活動に近い内側から考える方が自然かもしれないが、実践現場にあるさまざまな要因に左右されずに、活動にしっかりした目標や方向性をもたせるためには、外側からの整理が有効である。

プログラムデザインは、具体的には実施者のねらい、学習者のニーズ、実施条件を明らかにする作業である。実施者のねらいは、活動への取組の発端になるもので、森林教育活動を教育活動として意義づける最も重要なものである。しかしながら、総合的な学習の時間で何かやらなければならないから、会の行事として何かやらなければならないから、といった消極的な動機によって発案され、満足なねらいをもたない取り組みもみられるのは、残念なことである。仮にそういった状況下で、活動の実施を考えなければならない場合でも、実施者として何をねらうべきなのかを改めて考えてほしい。森林教育活動は、学習者のために行われるものであり、実施者のねらいと学習者のニーズは表裏一体であるべきものである。したがって、学校から依頼された森林関係者のように、学習者と距離がある者が実施者となる場合などでは、学校教員との情報交換によって、学習者の状況把握に努める必要がある。実施条件には、活動の場や素材としての森林と活動に携わる指導者やスタッフなどがあり、プログラムデザインでは、実施者のねらい及び学習者のニーズと実施条件を重ね合わせて調整することを目指さなければならない。

プログラムデザインを行う際には、その対象範囲を意識する必要がある(**図7-2**)。例えば、総合的な学習の時間を例に考えてみると、1年間の総合的な学習の時間は、いくつかの学習内容の区分としてまとまりをもつ授業群＝単元で構成される。単元や授業にはそれぞれに目標がおかれ、計画が作られる。すなわち、1年間の総合的な学習の時間には年間の目標と計画があり、各単元にも単元の目標と計画があり、各授業にも授業の目標と計画がある。したがって、プログラムデザインは、形式的には年間―単元―授業のそれぞれについて必要となる。しかし実際には、活動を実施する学校が掲げている教育目標、学年や教科で立てている年間目標といったものがあるので、学校や学年、教科レ活動名：
日時：
場所：
学習者：
指導者・スタッフ：
ねらい：
育てたい力（例：小学校の総合的な学習の時間を想定した６項目）
・問題を発見する力
・問題を解決する力
・情報収集・活用能力
・自己を表現する力
・自己を高めていく力
・人と関わる力

図7-2 プログラムデザインの項目例

ベルのプログラムデザインは既にあると考えることができる（**図7-3**）。むしろ、学校管理者や保護者からみると、森林教育活動が学校や学年、教科の教育目標に合致しているかが問われるところになる。

次に、学習者のニーズを明らかにしなければならない。学習者の興味や理解のレベルなど日頃の様子や、以前の類似した活動の際の様子などを参照して、実施者のねらいと学習者のニーズとの整合性を確認することが具体的な作業の中身となる。学校など学習者の日頃の様子などを直接知ることができない場合には、担任教員などから話を聞くなどする必要がある。

プログラムデザインの最後には、活動の実施条件を明らかにする。具体的には、活動の場や素材としての森林と活動に携わる指導者やスタッフについて、調達可能な範囲を確認する仕事である。したがって、プログラムデザインは実践者のねらいと学習者のニーズが表裏一体のものとして表現され、その実現のために利用可能な森林と指導者の範囲を示したものになる。以上の内容をプログラムデザインとして整理しておくとよい。

7.2.2 実施計画立案

実施計画は、プログラムデザインに基づいて、活動を具体化する役割をもつ。活動を具体化するため、実施計画には、活動の実施に必要な諸事項がもれなく単元名「連光寺SATOYAMAプロジェクト」

【ねらい】里山での学習を通して、自然のしくみや価値に気づき、自分と自然のかかわり方を考え、仲間とともに深め合ったり行動したりする。

小単元名「わたしと雑木林」(40時間)
※地域の里山の生き物を調べる活動
【ねらい】
○雑木林での動植物を調べる活動を通じて、学び方を身につけ、調べてわかったことを表現し、地域の自然の価値について考える。

小単元名 「谷戸田の恵み」(24時間)
※人間と自然の共生を考える活動
【ねらい】
○農作業体験や地域の人々との交流を通して、学び方を身につけ、地域の自然の価値に気づき、自分と自然とのかかわりを考える。

【であう】
○自然探検や森のウォークラリーを通して地域の雑木林や谷戸田の動植物に関心をもつ。
【つかむ】
○森のウォークラリーを通して、雑木林の生き物を調べる方法を学ぶ。
○自分の追求したい課題をもつ。
【追求する】
○課題にそって計画をたて、里山での調査活動を行う。
○図書資料などを活用して、さらに調べ学習を行う。
【まとめる、表現する】
○調べてわかったことをまとめ、作品をつくる。
○作品をもとにわかったことや考えや感想を発表する。

【であう】
○自然探検・たけのこ掘り・代かきなどの農業体験を通して、地域の自然に関心をもつ。
【つかむ】
○代かき・田植えなどの農作業体験や谷戸田の観察を通して、谷戸田の様子や生態系、また地域の自然と人々のかかわりに気付く。
【追求する】
○案山子作・稲刈り・脱穀などの農作業や、ボランティアの方の話しを聞く活動を通して、谷戸田と人々のかかわりを考える。
【まとめる、表現する】
○炭焼き体験や森林教室を通して、地域の里山の価値について気が付き、人間と自然の共生について考える。
○1年間の体験をふりかえり、人と自然のかかわりを考えて、作文や提案書にまとめ発表する。

【地域人材】
○ ××協会、××公園管理事務所、××ボランティア

たてわり班活動(6時間)
【ねらい】 目的にそって計画することができる・自分の役割を自覚しながら、仲間と協力して活動することができる。活動を振り返り、まとめる 「地域の人・自然・社会とかかわる学び」

【年間を通した取り組みのテーマ】 「地域の人・自然・社会とかかわる学び」

図7-3　総合的な学習の時間の年間指導計画例(多摩市立連光寺小学校5年)

詳細に記載されなければならない。作成された実施計画は、活動実施現場において時間管理や物品管理に利用されるだけでなく、活動前の準備段階における準備メモやチェックリストになり、活動後の評価段階における活動のふりかえ

りメモにもなるものである。実施計画があることで、関係者間での確認、共有も可能になる。このように、実施計画は森林教育活動を進めていくPDCA(Plan：計画、Do：実行、Check：評価、Action：改善)全般において重要な役割をもつものである。実施計画は活動実施に必要な事項を網羅した企画書の形でまとめることになるが、活動内容のイメージがない場合には、企画書をつくる前に活動を考える過程も必要となる。

ここでは、十分な活動経験をもたない者でも、実施計画をつくることができるワークを紹介する。なお、学校と団体など、異なる主体が活動実践にかかわる場合は、実施計画の立案から共同で行うことが望ましい。これは、セクターが異なることが、活動のとらえかたや考え方の違いにつながるからである。活動の実践現場でみられる、子どもへの配慮に欠ける発言や作業の強要、自然への配慮に欠ける子どもや教師の振るまいといった問題は、実施計画作成段階から共同で行うことで、回避することができる。異なるセクターが連携して活動を実践する場合には、実施計画立案の段階から関わりあうことが重要である。

実施計画に盛り込む項目は、作成例に示すように多岐にわたる(**図7-4**)。これらの項目の内容は、例えばタイムスケジュールに関して、「当日の動き」に指導者やスタッフの集合・解散時間が記載され、「所要時間」には活動全体の所要時間が記載され、「活動内容」には活動中の細かな場面ごとの開始・終了予定時刻が記載されるように、一つの事項が異なるスケールで繰り返しとらえられている。人に関しても、「学習者」、「指導者」、「スタッフ」にそれぞれの全体を記載する一方で、「活動内容」には活動中の各場面における対象者や指導者、スタッフの動きがわかるように記載される。活動に必要な教材、教具などについても「所要物品」に一覧できるリストが記載されるとともに、「活動内容」には活動中の各場面に必要なものが記載される。実施計画のこのような構造は、上述のように、実施計画が各段階において繰り返し利用されるなかで、その時に応じて把握したい情報の形が異なることに対応するものである。例えば、活動に必要な教材、教具などについては、準備段階では準備状況のチェックリストとして、必要な教材、教具などを全て一覧できることが求められるが、実施段階ではいつどの場所で何が必要なのかが、時間や活動内容とつながった形で参照できることが求められる。

森林教育活動は多様であるが、実施計画に必要な項目は、活動によって大きく変わるものではない。多くの場合で、以下に示す計画例の各事項を埋めていくことで、実施計画を作成することができる。

森林教育活動の実施計画づくり

プログラムデザインでとらえた実施者のねらい、学習者のニーズ、実施条件を参照しながら、実践につながる具体的な企画書づくりを目指す作業である。この作業は1人で行うことも可能であるが、複数の者で取り組むメリットが大きいことから、数人程度のグループワークとして行うとよい。

①プログラムデザインの確認(30分)

プログラムデザインワークシートを参照して、実施者のねらいや学習者のニーズ、実施条件を確認する(資料3(1)⇒P229)。

②活動を考えるワーク(30分)

森林体験の基礎活動40種を記載したカード(資料3(2)⇒P230～232)から、実施者のねらいや学習者のニーズ、実施条件にふさわしいと思われる活動を数件抽出し、主活動候補としてワークシートに記入する(資料3(3)⇒P233)。次に、主活動候補とした活動の効果を高めるために、その前後に配置するとよいと考えられる補助活動を、残りのカードから抽出して補助活動候補とする。例えば、野生生物保護の活動を主活動とする場合、その前に自然とのふれあい・楽しみの活動を補助活動として行うことで、野生生物に興味関心をもつことができる、あるいは、林業作業の活動を主活動とする場合、その後に作業で得られた材料を使ったクラフトの活動を行うことで、資源を生産する林業の意味を理解することができる、といったことが考えられる。このワークで抽出された、主活動候補と補助活動候補の組合せのなかから、企画書に落とし込む作業を通じて実現の可能性を探ることになる。

③企画書づくり(グループワーク：300分)

活動を考えるワークで抽出した活動を実践につなげていくために、活動現場を想定し、具体的なイメージをもって企画書に落とし込む。企画書づくりの作業に先立って、実際に使用するフィールドへ出かけて確かめる踏査(とうさ)ができると活動のイメージがもてて効果的である。また、森林教育活動に応用できるプログラム集やマニュアルが、数多く刊行されている。なかには、インターネット

森林教育活動案

作成：20XX年XX月XX日（○○○○）

活動名　**森へようこそ**

日　　時　20XX年XX月XX日（月）9:00～12:00
予備日：XX月XX日（火）
天　　候　小雨決行
所要時間　3時間
実施場所　○○の森（○○市○○町X-X-X）
学 習 者　○○小学校X年1～3組　XX名

指 導 者 ○名
○○○○（○○○○）

スタッフ ○名
○○○○（○○○○）

当日の動き
8:30　現地集合　　17:15　現地解散

1．ねらい
雑木林の生物や環境要素を個別具体的に提示し、個人テーマ（課題）の発見と追求のきっかけにする。

2．育てたい力
問題を発見する力　：雑木林の様々な生き物や環境要素を体感して気づきや不思議を発見することができる。
問題を解決する力　：ウォークラリーで与えられる課題に積極的に取り組みやりとげることができる。
情報収集・活用能力：ウォークラリーのルールを把握して課題をこなすことができる。
自己を表現する力　：ウォークラリーの課題や気づき、不思議について仲間と伝え合うことができる。
自己を高めていく力：班のなかでその時々の役割を果たすことができる。
人と関わる力　　　：班の仲間と協力して課題に挑戦することができる。

3．事前準備（道具・資材、服装や持ち物の指示）
＜所要物品＞
生徒配布：ワークシート、ウォークラリーマップ（別紙１）
CP0～9：ポイント看板（別紙２）、支柱×9組、ガムテープ、ビニールヒモ
CP1：私はこんな木カード×3枚（別紙３）、樹名板×8枚（別紙４）
CP2：指さし看板（別紙５）
CP3：竹筒、クルミ食痕、食痕標本
CP4：枠×2、バット×2
CP5：バケツ×2（森の土入り）、バット×6、スコップ×2、ピンセット×10、観察容器×5、吸虫管×1
CP6：キノコ標本、標本ケース
CP7：鳥写真看板（別紙２）
記録用　ビデオ、デジタルカメラ

＜事前作業＞
各ポイント箇所設定、ポイント看板作成、私はこんな木カード作成、樹名板作成、指さし看板作成、吸虫管作成

＜事前指示＞
服装：長袖、長ズボン、帽子
持ち物：ボード、筆記具、虫よけなど

＜前日準備＞
各ポイント看板設置
CP1：樹名板設置、CP2:テーブル、ブルーシート用意、CP3：指さし看板設置、CP8：キノコ標本採取

＜当日準備＞
各所要物品配置

4．プログラムの展開

活　　動	ね　ら　い
ウォークラリー説明、マップ写し	活動に取り組むための準備
ウォークラリー	自然に興味を持つ
答え合わせとまとめの話	興味の追求につなげる

5．留意事項
・安全面の配慮
チェックポイント間の移動時に走らないよう注意する。
・指導のポイント
各自の感性を働かせて自然の要素に触れることができるよう配慮する。

6．他の活動との関連

図7-4　企画書作成例(1)

7．活動の内容

時間	活　　動	支　　援	準　備　等
10分 9:00- 9:10	挨拶・ウォークラリー説明 ・ウォークラリーの課題に挑戦して、自らの力で課題を発見するきっかけとする。 ・班行動でチェックポイント(CP)をまわり、課題に挑戦した結果をワークシートに記入し、課題発見の材料とする。	活動に積極的に取り組む姿勢を作ると共に、活動が円滑に進行するよう進め方とルールを確認する。	ワークシート配布
140分 9:10-11:30	ウォークラリー CP0　マスターマップ 　ワークシートにCPの位置を書きうつす。	あわててチェックポイントの位置を間違えないように書きうつさせる。	CP看板 マスターマップ
	CP1　わたしはこんな木！【植物】 　1.下のカードをよく見よう（3種類の樹木カードを掲示） 　2.名札が付いた木の中からカードと同じ木をさがそう 　3.①～③の木の名前をワークシートに書こう！ ワークシート 　設問：わたしの名前は？ 　正解：①メグスリノキ、②ナンテン、③サンショウ	※スタッフなし	CP看板 私はこんな木カード×3 樹名板×8枚
	CP2　この玉はなに？【昆虫】 　1.木の枝についている玉は何でしょう？ 　2.①～④から正しい答えをワークシートに書こう！ 　①木のびょうき、②こん虫のすみか、③木の実、④鳥がつけたエサ ワークシート 　設問：枝先の玉はなんでしょう？なぜそう思いますか？ 　正解：②ハエ(イヌツゲメタマフシ)の幼虫のすみか&エサ	※スタッフなし	CP看板 指さし看板
	CP3　食べたのはだれ？【ほ乳類】 　1.先生のお話をよく聞こう（竹筒とネズミ食痕の紹介） 　2.だれが何を食べたのですか？ 　3.わかったことをワークシートに書こう！ 　ワークシート 　設問：だれが何を食べたのですか？	①子どもたちが想像してかんがえる時間を与える。	CP看板 竹筒 クルミ食痕 食痕標本
	CP4　落ち葉めくり！【土】 　1.地面の上にワクをおこう 　2.ワクの中にある落ち葉を土がでてくるまでひろおう 　3.ひろった落ち葉をグループわけしよう 　4.落ち葉のグループに名前をつけよう 　5.グループの名前をワークシートに書こう！ ワークシート 　設問：落ち葉のグループに名前をつけて！	①各腐朽段階の落ち葉がどこにあるか、ヒントを与える。 ②落ち葉を仕分けるポイントを（落ち葉の形状＝分解の程度）に気付かせる。 ③適当なグループ名を考えさせる	CP看板 枠×2 バット×2
	CP5　土のなかにはだれがいる？【土壌動物】 　1.バケツの土をバットに移す。 　2.土のなかにいる生き物を探す。 　3.見つかった生き物を観察する。 　4.わかったことをワークシートに書こう。 ワークシート 　設問：土のなかにはどんな生き物がいましたか？	①いやがったりしないように、楽しく興味深く進行する。	CP看板 バケツ×2（森の土入り）、バット×6、スコップ×2、ピンセット×10、観察容器×5、吸虫管×1
	CP6　キノコはどこにはえる？【キノコ】 　1.キノコをよく見てみよう 　2.キノコがどうやって生きているか考える。 　3.①～⑤からキノコがはえると思う場所をえらんでワークシートに書こう。 　①木　②昆虫　③キノコ　④石　⑤動物のフン ワークシート 　設問：キノコはどこにはえますか？ 　正解：①②③⑤（石にははえない）	スタッフなし	CP看板 キノコ標本
	CP7　この森にいる？【鳥】 　1.鳥の写真をよく見よう 　2.どの鳥がこの森にいるか考えよう 　3.この森にいると思う鳥の名前をワークシートに書こう。 　ムクドリ、ツミ、コサギ、モズ、カルガモ、メジロ ワークシート 　設問：この森にいると思う鳥の名前は？どうしてそう思いましたか？ 　正解：ムクドリ、ツミ、モズ、メジロ	スタッフなし	CP看板 鳥写真看板
30分 11:30-12:00	まとめ	活動をふりかえり、各自の興味・関心対象をみつけられるよう支援する。	

8．資料・ワークシート　［ファイル名］

ワークシート（別紙1）［別紙1 ワークシート.pdf］
チェックポイント看板（別紙2）［別紙2 ウォークラリーCP看板.pdf］
私はこんな木カード（別紙3）［別紙3 私はこんな木カード.pdf］
樹名板（別紙4）［別紙4 樹名板.pdf］
指さし看板（別紙5）［別紙5 指さし看板.pdf］

図7-4　企画書作成例(2)

上で公開されているものもある。本書第8、9章にもさまざまなタイプの活動事例を紹介してある。ただし、森林教育活動の実践現場は、場所によって条件が異なり、同じ場所であっても前回と同じわけではない。したがって、プログラム集やマニュアルの記載が詳細かつ具体的であったとしても、そのまま実行できるものではない。あくまでも、参考事例として参照するにとどめて、オリジナルの企画書を作成することを前提とする必要がある。企画書はプログラムデザインを中心に活用の概要を記した項目（[1] ～ [8]）と、活動の詳細を記した項目（[9] ～ [17]）で構成する（資料3(4)⇒P234～235）。

＝＝＝＝＝＝＝＝＝＝＝＝＝＝＝＝＝＝＝＝＝＝＝＝＝＝＝＝＝＝＝＝＝＝＝

[1] 企画書作成日・作成者

企画書の作成日と作成者を記載する。企画書は活動実施まで準備を進める間にもブラッシュアップしていくので、最新版の企画書であることを確認できる必要がある。

[2] 活 動 名

活動名を記載する。活動名は、活動の前後も含めて活動を指す名称として使われる。学習者にとってわかりやすく、親しみのもてる活動名が望ましい。

[3] 日　　時

活動を行う日時を記載する。予備日等を設ける場合には併記する。日時は、関係者間で最も確実に共有していなければならない情報である。

[4] 天　　候

小雨決行、雨天延期といった天候への対応を記載する。雨天対応のプログラムを用意する場合もある。天候の判断によって中止、延期、変更等の対応を行う場合には、判断を誰がどの時点で行い、どのように関係者に伝えるのかについても記載する。電話番号やメールアドレスが記載してあれば、連絡が必要になった時にスムースである。天候対応は、活動の可否、成否を左右する重要事項である。判断や連絡の体制については、関係者間でよく確認しておく必要がある。

[5] 所要時間

活動に必要な時間を記載する。所要時間は、学習者の年齢や体力に対して適切か、あるいは活動中のトイレや水分補給、休憩の要否といった活動の枠組みを確認する基礎情報である。

［6］実施場所

活動を実施する場所を記載する。天候への対応などによって場所が変更になる場合には、その内容についても記入する。活動場所に不案内な指導者等が参加する場合もあるので、詳細な記入が必要である。場合によっては公共交通の便も記載する。所番地がわかると、インターネットやカーナビで容易に位置を知ることができるので便利である。活動場所については、プログラムデザインの段階で具体的に想定されている場合が多いと思われる。活動の実績がある場合には、関係者間にはよく知られていることが少なくない。しかし、新しく活動に取り組む場合などでは、活動の場を探す作業が必要となる。活動の場を探す際には、現地へのアクセスと、活動内容と森林の条件の整合が問題となる。現地への距離や交通の便から、利用可能な範囲がある程度特定できるので、その範囲内で、活動内容と森林の条件が整合する場所を探すことになる。一般に、森林公園などの公開型の森林は、アクセスの条件がよく、活動に必要なトイレや休憩施設、歩道等が整っているが、歩道外への立ち入りの制限、動植物採取の制限など活動内容には制約がかかる。一方、非公開型の森林では、一般にアクセスや整備の条件は劣るものの、活動を制約される要素は比較的少ない。

［7］学 習 者

活動に参加する学習者の所属、人数などを記載する。学校の場合は、クラス別の人数や各クラスの担任名も記載するとよい。その他、学習者のなかに、障害やアレルギーなど、活動に際して配慮や支援を必要とする者が含まれる場合は特記する。個人あるいはグループの属性は、活動の主体である学習者に関する基礎情報として重要である。配慮や支援を要する学習者の有無については、事前に確認し、必要な対応を［14］留意事項や［16］活動内容に具体的に記載する。

［8］指導者・スタッフ

指導者、スタッフの人数と氏名、所属を記載する。活動現場にいる対象者以外の総ての者が記載されていることが望ましいので、事前に把握されている見学者などについても記載する。指導者は複数であることが多く、学校教員以外に外部の専門家の支援を受ける場合もある。活動には直接指導に当たる指導者の他に、指導者の補助に当たる者や、事務局として支援に当たる者、現場で安全確保に当たる者などのスタッフも必要である。なお、スタッフは、その役割によって知識や経験の要否が異なるので、十分な人数を確保するのみならず、適材適所の配置が重要である。外部から指導者やスタッフの支援を受ける場合は、最初は必要な人数のみが記入され、個人名は順次記入されていくことになる。

［9］当日の動き

指導者やスタッフの集合解散時間・場所を記載する。指導者やスタッフの送迎などについても記載する。活動の前には準備や打合せ、後には片付けやふりかえりが必要であるので、これらに必要な時間を見込んで、集合解散の時間や場所を決める必要がある。

［10］ねらい・目的

プログラムデザインで確認した、実施者のねらいを記載する。実施者のねらいは、活動の基盤として活動全体をささえる重要事項である。企画書に明記することで、指導者やスタッフ全員で共有する必要がある。

［11］育てたい力・目標

実践者のねらいを達成するために、活動中に実現を図る具体的な目標を、育てたい力として設定して記載する。育てたい力の考え方は、実践者のねらいによって異なるが、ここでは、例示として小学校の総合的な学習の時間を想定した6項目（問題を発見する力、問題を解決する力、情報収集・活用能力、自己を表現する力、自己を高めていく力、人と関わる力）を挙げる。

［12］事前準備

事前準備の具体的な内容を、所要物品、事前作業、事前指示、前日準備、当日準備の各項目に分けて具体的に記載する。所要物品には活動に使用される物品について品名と個数等を詳細に記載したリストを活動の部分ごとに整理する。学校等で用意できない物を外部から調達する場合もあるので、所要物品の調達先が複数ある場合には、調達先別のリストも記載するとよい。事前作業には、活動に使用するフィールドの草刈りやハチの巣の除去、使用する場所の片付け、教材の作成など、準備段階で作業等を要する内容を記載する。事前指示には、活動に先立って学習者に指示する内容を記載する。例えば、服装の注意や、持ち物の指示等である。企画書の作成者以外の者が事前指示を行う場合もあるので、指示の内容は具体的かつ丁寧に記載しておく必要がある。例えば“野外活動にふさわしい服装”といった指示では、半袖、半ズボン、サンダル履きでの参加もあり得るので、“長袖、長ズボン(8分丈は不可)、くるぶしが隠れる靴下、長靴またはスニーカー、帽子”などと具体的な指示を明記する必要がある。前日準備と当日準備は、所要物品の搬入と配置、フィールドの状況と安全確認の下見等であり、前日と当日に適宜振り分ける。なお、学級担任など活動内容に十分な知識や経験をもたない者が指導者となる場合には、事前準備の中で予行練習を行うことが望ましい。

[13] プログラムの展開

活動全体の流れの概略と、主な活動とそのねらいを記載する。プログラムの展開では、活動のねらいや育てたい力と活動の内容との接続を点検したい。

[14] 留意事項

安全面の配慮と指導のポイントを記載する。安全面の配慮については、“走らない”などの一般的な事項だけでなく、刃物を使用するなど活動内容に関わって特に配慮を要する事項、夏季の暑さ、冬季の寒さなど季節に関わって特に配慮を要する事項も記載する。指導のポイントについては、活動のねらいや形態などから特に配慮したい事項を記載する。

[15] 他の活動との関連

活動の内容に他の活動との関連がある場合は、その内容を具体的に記載する。学校の活動では、他の教科における学習内容との関係性や連続性がある場合が考えられる。学校以外の活動でも、継続的な活動あるいは発展的な活動として他の活動との関係性や連続性がある場合が考えられる。

[16] 活動の内容

活動の詳細な内容について、時間、活動、支援、準備の表形式に整理して記載する。時間にはタイムスケジュール、活動には場所と担当者と活動内容、支援には指導に際しての留意事項、準備には活動に必要な所要物品を記載する。活動中に必要な事項は、すべてこの表に記載し、活動開始後の進行管理はこの表を参照して行うことができるようにする。活動の各部分に配置する指導者・スタッフや物品と企画書の関係項目の内容との整合性を十分確認する必要がある。また、学習者の人数が多い場合や、配慮や支援を要する学習者がいる場合には、活動内容と場所の関係に問題がないかの点検も必要である。例えば、全員に話をするために十分なスペースのある場所が想定されているか、障害のある子どもが活動の場所まで行くことができるか、などといった事前に点検して解消しておかなければならない問題である。

［17］資料リスト

活動に使用する学習資料やワークシート等のリストを記載する。資料名とともにファイル名を記載するとよい。活動によっては、作成する資料が複数にわたる場合があるが、間違いのない準備のために関係する情報をここで一元管理する。準備を進める過程で、関連する資料を更新する場合もあるので、最終的に活動に使用される資料に間違いがないように、資料が更新された場合は、最新版の資料名・ファイル名に差し替えることが重要である。

コラム　木はタイムカプセル

環境省の巨樹・巨木林調査(2001)によれば、全国に64,479本の巨木(地上高130cmの幹周囲長が300cm以上)がある。直径が1mを超える大木であるから、樹齢は100年を超えるものが多いはずである。屋久島の縄文杉は樹齢2千数百年程度といわれ、その名のとおり縄文、弥生時代から生きていることになる。博物館等で大きな木の輪切りの展示をみることがあるが、歴史年表に書かれた歴史上の出来事が起きた年にできた年輪が目の前にあるのは、考えてみるとすごいことである。

年輪は木の成長に伴って形成され、成長の盛衰が年輪の間隔に反映される。したがって、年輪間隔の広狭のパターンはその時期の気象条件を反映したものになる。例えば干魃(かんばつ)や低温によって特定の年にできた年輪幅が狭くなるのである。大規模な火山噴火によっても同様のことが起きる。逆に、良好な気候に恵まれた年には、旺盛な成長によって年輪幅は広くなる。このことを利用して、木材の年輪間隔からその年輪が形成された年を特定する技術が開発されていて、古い木造建築物や仏像などに使われている木材が、いつの時代のものであるのかを正確に把握することができる。

目の前の大きな木の中心には、歴史年表でしか知ることのできないほど昔に形成された木材があり、樹皮のすぐ下では新しい木材が今まさに形成されている。幹の中心と樹皮の間に、その木が芽を出してから今に至る間の時間経過が詰まっているのである。年輪の中心から樹皮まで指をすべらせれば、指先は一瞬にして数百年の時を越えることができるのである。　［大石］

7.3　実施段階

実施段階には、2つのステップがある。1つ目は、活動に必要な人や物を準備する事前準備、2つ目は、活動そのものを動かしていく活動実施である。活動実施が活動の実施段階であることには、疑問の余地がないが、事前準備も、活動に必要な森林、学習者、ソフト、指導者を実際に動かしていくことから、実施段階に含まれる。

計画段階においては活動現場を想定しつつも、活動の目的をいかに達成するかに主眼が置かれるのに対し、実施段階では実際に活動を実現することに主眼が置かれるので、目的を実際の活動に落とし込む作業ともいえる。活動の目的は、実施段階で活動が実践された結果として、達成されるのである。

実施段階では実施計画に沿って活動を準備し、実践することが目的となるが、事前準備、活動実施のいずれにおいても、実施計画の枠組みを崩す要因が働いてくる。準備段階では活動に必要な人や物が、予定したとおりに揃わないことが珍しくない。人や物を探したり新たに調達したりする作業には、思いの外時間と手間がかかる。したがって、準備段階に十分な時間的余裕をもってあたる必要がある。また活動実施においても、実施計画どおりには進まないことが多い。活動現場を構成する森林、学習者のいずれも想定外の事象をもたらすことが少なくない。活動現場を臨機応変かつ柔軟に操作して、実施計画の枠組みを維持することが求められる。

実施段階における実施計画の実現を担保するためには、実践現場を動かすスタッフであるディレクターやインストラクター・リーダーが、事前準備を含む実施段階全体に当事者として関わらなければならない。ディレクターやインストラクター・リーダーが、事前準備の段階から関わらなければ、プログラムデザインや実施計画の目的が実践現場に充分伝わらなかったり、欠けてはいけない内容が欠落してしまったりする可能性がある。特に重要なことは、スタッフによる下見である。可能な限り前日に、少なくとも当日の活動開始前には、現場を確認しながら活動の流れを確認することが必要である。このことによって、現場の位置関係や、人や物の配置、動きなどの全体像が全てのスタッフに共有され、活動実施のみならず、ケガや急病などの緊急事態への対応に際しても大きな意味をもつ。

7.3.1　事前準備

事前準備は、実施計画に沿って指導者やスタッフ、所要物品を手配して、活動を具体化していく段階である。事前準備を進めることは、計画した実施体制や所要物品を実際に準備し、稼働できるかを最終チェックする機会にもなるので、実施計画を参照しながら丁寧に行う必要がある。事前準備を進めるなかで、実施計画に無理があることが明らかになって、修正が必要となる場合もある。

事前準備は、作成した実施計画の内容を記載した企画書に沿って行う。指導者やスタッフは複数の組織にまたがる場合があり、また、所要物品も複数の人や組織が分担して手配、準備する場合がある。互いに他者が手配すると思い込んだ結果、欠落が生じることもあるので、漏れがないか連絡を取るなどして、十分に確認する必要がある。

所要物品は、活動内容によっては多種、多数に及ぶ。新たな調達や作成を要する場合もあるので、早めに進めておく必要がある。既存のものを使用する場合でも、破損等によって使えないことがあるので、早めの確認が必要である。また、所要物品は、活動者の人数や班分けなどの都合によって必要数が変わる場合もあり、活動時に破損することもあるので、予備も含めた十分な数を用意しておきたい。事前準備を進めるなかで企画書の内容を変更する必要が生じた場合は、その都度企画書を更新(メモ書きでもよい)しておく。企画書の更新を怠ると、現場の状況と企画書が合わなくなって混乱したり、後に類似した活動を実施する際に同じ問題を繰り返したりすることになる。

事前作業は、活動に使用するフィールドの草刈りやハチの巣の確認・除去、使用する場所の片付け、教材の作成などであるが、天候に左右されたり、予想外の手間がかかったりする事態もあり得るので、活動実施まで余裕あるスケジュールで実施したい。事前作業を行う者と活動の実施者、指導者が異なる場合には、作業内容をよく確認して行う必要がある。

事前指示は、服装と持ち物に関する指示が一般的であるが、長袖、長ズボンといった指示では不十分である。肌の露出を避ける必要を理解させなければば、7分袖の服、7分丈のズボンで来ることも珍しくない。子どもの活動の場合は、服装や持ち物の準備が保護者次第になるため、子ども経由の口答指示では徹底できない場合もある。重要な指示がある場合には、指示をメモ書きさせるか、指示事項を記載した紙によって保護者へ確実に伝わる工夫が必要である。

前日準備と当日準備は、活動の円滑で安全な実施を保障するために重要な意味をもつので、十分な時間を確保するように努力する。例えば、計画段階で実地踏査を行ったからといって、前日あるいは当日の安全点検が不要になるわけではない。計画段階の実地踏査から活動実施までは、ある程度の期間を要するのが一般的である。その間に木が倒れかかっていたり、ハチの巣ができていたりして、活動エリアに危険要因が生じていることも十分に考えられるので、前日と当日に繰り返して踏査することで、危険を回避できる可能性が高くなる。前日には、当日活動開始前に見ればよいから、当日は、前日に見たから大丈夫などと省略しがちであるが、前日であれば時間的な余裕があるのでよく確認することができ、問題があっても対処する時間をもつことができる。また、当日は、状況の急変や見落としに気付く最後の機会になる。

7.3.2　活動実施

活動の実践現場は、活動の場や素材となる森林、学習主体である学習者、活動の内容であるソフト、学習者を指導・補助する指導者の4つの要素の関係によって成立する。活動は実施計画に沿って実施される。実施計画は、プログラムデザインに基づいて、活動を具体化するために作成されたものであり、活動の目的に向けて、活動現場の森林、学習者、ソフト、指導者をどのように動かしていくかが盛り込まれたものである。実施計画を踏み外さないことが活動実施の原則である。しかし実際には、さまざまな要因によって、タイムスケジュールや内容に実施計画とのズレが生じることも珍しくない。したがって、活動実施に際しては、活動内容や時間を調整するなど、状況に応じた柔軟な対応が必要であり、実践現場のマネジメントを行うディレクターの役割が重要である。

実践現場を構成する要素は、実施計画で想定したとおりに機能するとは限らない。実践現場のマネジメントでは、計画と実践の間のズレを最小限にとどめることと、発生したズレを柔軟に受け止めて処理することが求められる。計画と実践の間のズレを最小限にとどめるためには、ズレの発生源となっている想定外の事象を極力排除しなければならない。このことを徹底するならば、実施計画で想定されていない生物や自然現象との出会いは回避すべきことであり、生物や自然現象との出会いは、無視するかできるだけ簡素な対応をとるべきこととなる。

一方で、森林教育活動における森林体験が、学習者にとって希少な機会であることを考えれば、活動中に遭遇した生物や自然現象との出会いが二度とない貴重な体験である場合もある。このようなことを考慮すれば、計画と実践の間に発生したズレを柔軟に受け止めて処理することも実は重要である。実践現場で計画と実践の間のズレを最小限にとどめることと、発生したズレを柔軟に受け止めて処理することのどちらを優先すべきかは、ディレクターやインストラクター・リーダーが、活動中の各場面において瞬時に判断しなければならないことであり、指導者の力量が試されるところである。

なお、発生したズレを許容した場合でも、以降の活動が実施計画から逸脱したままでよいわけではなく、適切なタイミングで実施計画に復帰しなければならない。当初目指した道筋をたどって目的を達成することを忘れてはならないということである。

ここで、活動実施に関与する要因について考えてみたい。学習者が予定した作業をこなせない、教材や道具が不十分で予定した観察ができない、さらには、指導者が子どもの扱いに不慣れで話を聞いてもらえないといったことも考えられる。しかし、これらの問題は、計画の段階で十分な打ち合わせや検討、さらには予行によって、多くは回避することができる。問題は、活動が自然に関わることで不確定要素を伴う点である。活動が天候に左右されるのは仕方のないことであるが、降雨や強風、暑さ寒さへの対応は、計画段階で折り込まれていなければならない。

活動実施で問題となるのは、活動中に発生する予定外の出来事である。森林では、鳥の声が聞こえたり、バッタやカエルが飛び出したり、予定外の出来事が少なからず発生する。自然のさまざまな事象に気付き、興味をもつことは、自然体験ならではのことであり、学習者のためにも最大限尊重すべきことである。ここに、実施計画の尊重と、現場での出来事の尊重を、どのようにバランスさせるかの問題がある。活動中に発生する予定外の出来事まで予定した、余裕ある実施計画を組み、活動中の出来事も活動の目的を達成する道筋に組み込むことができれば、理想的である。

以上、活動の目的達成を念頭においた活動実施の要点を述べたが、活動実践によって学習者に危険が及ぶことは避けなければならない。同時にいかなる活動であっても自然に対する影響は生じるものであることから、自然に対する危険も避ける必要がある。ここでは、実践現場のマネジメントにおけるトピックとして、役割分担、進行管理、学習者の危険回避、自然の危険回避の問題をとりあげる。

(1) 役割分担

実践現場にいる指導者やスタッフの役割分担は重要である。例えば、学校教員と外部指導者としての森林の専門家では、プログラムデザインや実施計画に含まれる諸事項に関する考え方が異なっていることを前提に考えるべきである。この考え方の違いは、教育者あるいは森林の専門家としての独自性でもあることから、必ずしも是正すべき問題ではない。

しかし、実践現場をともにして成果をあげるためには、打合せや準備段階で互いの違いを理解することが重要である。互いの違いに理解を深めた上で、森林の専門家が森林に関する指導を行い、子どもたちの体調や仲間との協力体制などの指導は教育者が行うといった役割分担をすることが重要である。森林教育の活動だからといって、教育者が森林の専門家に活動全般を任せてしまうのは、丸投げであって役割分担ではない。先生が子どもたちの後ろで腕組みして見ているような場合は、活動に対する子どもたちの食いつきが悪い。先生が子どもたちの安全管理など本来の役割を果たすのは当然であるが、その上で先生自身が活動に興味津々で、楽しんでいるような場合には、子どもたちも積極的に活動に取り組めて手ごたえのある活動になる。

活動に対する考え方が異なる者が話し合いや協働を進めるためには、それぞれの立場や考え方の違いを理解できる者によるコーディネートが極めて有効である。しかしながら、一般にコーディネート機能の重要さに関する認識は不十分であり、日時と場所、人数だけの枠組みで丸投げしてしまう事例が少なくない。活動の計画段階や実施段階において、関係者間のコーディネートを行う機能が求められるところであるが、各実践現場にコーディネート機能は備えられていないのが実状である。

学校と外部指導者が連携する活動は、森林教育活動に限らず増えていることから、コーディネートの専門家やコーディネートを行う組織が求められていくものと思われる。なお、森林教育の活動には、森林資源、自然環境、ふれあい、地域文化と幅広い内容が含まれ、活動現場には森林、学習者、ソフト、指導者の各要素がある。したがって、コーディネートの役割を果たすためには、幅広い視野が求められる。

(2) 進行管理

活動を実施計画のとおりに進行させるための進行管理が重要である。特に問題がなくても計画どおりに進行するとは限らないし、活動中にはしばしば予想外のアクシデントが発生する。道具や教材が破損する、作業が難しく手間取るなどといった問題によって、活動の進行が滞りタイムスケジュールの遅滞が発生する。タイムスケジュールの遅滞は、予定した活動の一部圧縮や省略につながるので、軽視できない問題である。道具や教材の応急修理や予備の手配、作業の支援といった現場対応を迅速に行うことで、問題による影響を最小限にとどめることができる。活動現場にいるディレクターやインストラクター・リーダーが、活動の様子を把握し、適切な指示を出したり、支援したりすることが活動の進行管理のために重要である。

この他、降雨、降雪、強風、雷雨など気象条件への対応も、活動の進行管理上重要な問題である。これらの問題は、対応によっては安全管理上の問題に直結するものであるが、活動の進行管理において、気象条件が安全管理上の問題にならないように対応することが重要である。気象条件については、予報や注意報、警報を把握し、影響が予想される場合には、活動全体のスケジュールをあらかじめ変更したり、活動途中で気象条件について検討、判断したりするタイミングを決めておくことが必要である。

予定した活動の一部の圧縮や省略が発生する場合は、ディレクターによる迅速な意思決定と情報伝達が重要である。特に、活動がクラス別あるいは班別に並行して進行している場合には、活動現場全体への意思疎通が必要である。そ

写真 7-1　ヒメスズメバチ

写真 7-2　とぐろを巻くマムシ

写真 7-3　さわるとかぶれるウルシ

写真 7-4　ウルシよりかぶれやすいツタウルシ

のためには、全体の意思決定をする者が誰なのか、変更などの情報はどのように伝達するのかといったことがスタッフに共有されていなければならない。

こうしたなかで、先に述べた実施計画で想定されていない生物や自然現象との出会いなどについても、インストラクター・リーダーやディレクターによる的確な対応が期待される。このように、活動の実践現場における進行管理には、ディレクターとインストラクター・リーダーの役割が、どちらも重要なことがわかる。

(3) 学習者にとっての危険回避

活動現場には学習者にとっての危険がある（**写真 7-1～4**）。そのうち生命に関わる危険は、スズメバチや毒ヘビ、落雷、転落、食中毒などによる危険である。これらはいずれも、事前に想定し、さらにその場での回避措置がとられることによって、指導者が極力回避しなければならない危険である。ここでは詳述できないが、それぞれ危険回避に必要な情報は広く公開されているので、十分な理解をしておく必要がある。なお、あってはならないこととはいえ、事故が発生した場合の救護や医療機関への搬送の手順など、万一の場合に必要な対応も、あらかじめ確認しておくことが必要である。

一方で、学習者が活動を通じて危険を察知し回避する力を獲得することも、森林教育活動の目的である。スズメバチや毒ヘビによる刺傷、転落による事故などは、指導者の力だけで完全に防止することは難しい危険でもある。例えば、スズメバチの接近を察知する力や、スズメバチの接近時に攻撃を防ぐ行動をとる力は、あらかじめ具体的に指導することで、幼児でも身につけることができる。この他、学習者にとっての危険には、生命の危険には及ばないレベルのものが数多くある。ウルシに触れてかぶれる、棒を振り回してケガをさせるといった問題である。

これらの危険を未然に防止するためには、事故の発生を予測することが鍵となる。活動現場で発生するヒヤリ・ハットは、本人や周りにいる者がヒヤリとしたり、ハッとしたりする場面である。例えば、道具をもつ手がすべってヒヤリとしたとき、動作を漫然と繰り返せばケガをする可能性がある。また、ハチにつきまとわれてハッとしたとき、速やかに待避しなければ近くのハチの巣から攻撃をうける可能性がある。つまり、ヒヤリ・ハットは事故発生の予兆と考え、見逃さずに対応することが重要である。指導者はヒヤリとしたりハッとしたりする事故未満の状態をその場でとらえて、その行為によって何が起きるのか、なぜそうなるのか、どうすれば回避できるのかを学習者に考えさせることが重要である。自然体験や生活体験の量や質は、世代が進むにつれて低下しており、指導者の常識と学習者の常識の間には想像以上の隔たりがある。日常生活では扱うことのない重量物や長い物の扱いや、斜面の歩き方、刃物や火の扱いについて、指導者の常識が通用しない子どもも少なくない。危険につながる行動をヒヤリ・ハットの段階でとらえ、事故を未然に防ぐことが求められる。

なお、完全な危険回避は不可能であることから、万一の事故発生の際の救護、通報、連絡、搬送などの対応に加え、事前の傷害保険、責任賠償保険への加入が求められる（スズメバチに関する危機管理マニュアル、森林総合研究所(2010)）。

(4) 自然の危険回避

森林教育の活動現場には自然にとっての危険もある。森林には絶滅危惧種や準絶滅危惧、地域で保護されている生物など希少な生物が生息していることがあり(環境省ホームページ：絶滅危惧種情報)、森林教育の活動が希少な生物に影響を与える可能性がある。しかしながら、生物自体に表示があるわけではないので、指導者や学習者が希少種の存在を知らなければ活動による影響を避けることは難しい。環境省では絶滅のおそれのある野生生物の種のリスト＝レッドリストを公表しており、各都道府県でもデータを公表している。活動に使用するフィールドに希少種が存在するか否は、所有者や管理者、地域の博物館等で確かめることができる。

一方、活動による一般的な生物への影響が少なく、活動による影響が許容できる場合もある。例えば、子どもたちが、リスやネズミの食べる分がなくなるほど森に落ちているドングリを拾ってしまうことは難しい。また、翌年その姿がみられなくなるほど草花を摘みとってしまったり、チョウをつかまえてしまったりすることも難しい。連日のように多人数が訪れて採取を繰り返すといったことがないかぎり、子どもの手で自然を破壊してしまうことは考えにくいのである。このような行為を全て、自然を傷つけてはいけないからと制止することは、自然とふれあい、生命を感じる貴重な機会を奪う心配がある。

また、森林教育に含まれる森林資源の活動は、人間の生活に必要な木材などの資源を育てるとともに、資源を収穫して利用する内容も含んでいる。森林資源の活動は、自然資源に依存して成り立っている人間の生活や社会の姿を学ぶ貴重や機会でもある。林業を自然を破壊するものとして非難する意見があるが、各地で自然に育った森林を伐採して人工林を造成する拡大造林が過度に進められたことは林業関係者が反省すべき点である。しかし、日本の国土が世界有数の高い森林率67％(2012年)を誇り、豊かな森林資源の蓄積49億m^3(2012年)をもちながら、木材自給率が低位の27.9％(2012年)にとどまっている現状は、国内の森林を守りながら他国の森林を伐採した資源に頼っていることのあらわれでもあることを認識しながら森林資源の活動にも取り組んでいただきたい。

コラム　教員研修

森林教育を広めてゆくための課題の１つに、指導者(教員)養成や教員研修がある。環境教育では、国際的に推進が求められており、法律も制定されているにもかかわらず、教科化されていないなかで、教員養成課程のカリキュラムに必ずしも入っていない。森林教育はどうであろうか。

教員養成は教員養成系の教育学部で行われており、単位を修めることで教科の教員免許を取得することができる。専門教育の林業の免許は、高等学校の教員免許(農業)に含まれている(教科「農業」には、林業の他に、園芸、農業土木、造園、畜産、食品製造など多様な分野が含まれる)。農業の免許は、農学部で単位を修めることで修得できるが、教育学部では取得することが困難である。専門教育の農業教育(林業)の指導者養成は、農学部教育のなかに組み込まれているが、農学部では教育学の教授はごく少数しかおらず、森林科学に限って言えば、教員養成に取り組んでいる大学はほとんどない。森林教育が研究対象として取り扱われてきてはいない背景には、こうした事情がある。

歴史的にみると、林業教育は、明治時代以降取り組まれてきているが、農業教育の１分野に統合されて以降、農業教育との違いを指摘されていながら、100年以上に渡り専門教育の分野として独立できてはいない。昭和初期に、日本森林学会で専門教育についての検討がなされた以外、一部の例外を除き、ほとんど検討がなされてきてはいない。森林教育(専門教育や、一般向けの普通教育を含め)のあり方は、森林科学でも、教育学においても見落とされてきた課題といえるであろう。

ところで今日、教員に向けた研修会は、森林環境税などの導入により都道府県の森林課などで実施されている。学校教員と林務系職員との交流を通じ、双方の理解が深まることが期待できる。東京都では、1995(平成７)年より、小学校教員を対象としたセミナーを実施し、間伐作業の体験や、林業地の見学などを行ってきている。教員研修を通じて、学校の授業で森林教育を取り入れられてゆくには、研修を通じて教員の意識向上をねらうことだけではなく、授業で何をどのように教えてゆくのか、授業を想定した教材や教授法の工夫など、具体的な教科教育に踏み込んだ教育研究が必要であると考える。［井上］

教員研修
(チェーンソーのおもちゃを使って)

7.4　評価と改善

活動は目的を達成されるために行われることから、目的の達成を確認するための評価が重要である。加えて、後の活動を改善していくためにも評価は欠かせない。ところが、活動の目的は、例えば、活動のねらいを「子どもたちが森に慣れ親しみ森の生物に興味をもつこと。」としているように、一般的に大づかみなものである。したがって、目的が達成されたか否かを評価しようとしても、曖昧なものになりがちである。実施計画ではこの目的を達成するために、具体的な活動内容を組み立てている。

企画書作成例(**図7-4**)では、活動のねらいの他に、育てたい力(評価の観点)として、問題を発見する力(自然のさまざまな姿から気づきや不思議を発見することができる)、問題を解決する力(課題に積極的に取り組み、やりとげることができる)、情報収集・活用能力(話や体験を課題の発見や取組につなげることができる)、自己を表現する力(活動の課題や気付きなどを仲間と伝え合うことができる)、自己を高めていく力(班のなかでその時々の役割を果たすことができる)、人と関わる力(指示を聞き、仲間とともに課題に取り組むことができる)を挙げているので、こういった項目について評価を行うことが現実的である。

活動終了時に指導者やスタッフが集まって活動全体をふりかえり、活動が目標に沿って行われていたか、実施計画に沿って進行できたか、育てたい力(評価の観点)は実現できていたかについて点検する。活動実践現場で起きたことは、近くにいた者だけが認識している場合が多いので、活動に関わった指導者とスタッフ全員でふりかえりを行うことが重要である。このふりかえりで明らかになった成果や問題点については、覚書や企画書への書き込みなどで明文化して残すことが重要である。また、活動で使ったワークシートへの書き込みや活動後の感想文などを対象に検討することも考えられる。直接的に評価の確認を行いたい場合には、育てたい力(評価の観点)を質問項目とするアンケート調査を行えばよい。

このように、評価と改善のプロセスは活動目的や育てたい力(評価の観点)を設定する段階から始まり、活動後の評価と改善の具体的な作業へとつながっているのである。

この他、森林教育活動が学習者に及ぼす効果として、自然に対する知識や意識、社会性や人間関係などさまざまなものが考えられる。これらの効果は、学習成果をとりまとめた資料や作文、絵などの作品から読み取ることができ、担任教員が活動前後の変化や活動中の行動、発言から読み取る場合もある。客観的な方法としては、自然体験活動一般について開発されている、環境配慮意識や生きる力などに関する調査方法を応用することもできる。

7.5　地域の活用

森林教育活動を考える時、活動現場を想定するのが一般的である。本章1～4では、活動現場における計画－実施－評価と改善のプロセスについて整理してきた。活動現場に必要な森林、学習者、ソフト、指導者がそろえば、活動の実践に向けてのプロセスを進めることができる。ところが、当初から実践現場に森林、学習者、ソフト、指導者の全てがそろっていることは多くない。そこで、実践現場をつくるために、地域を視野に入れて考える必要がある。

問題を単純化するために、学校を例に考えてみよう（**図7-5**）。学校専用のフィールドである学校林をもっている学校は、学校林をもたない学校に比べて活動実践へのハードルが低いといえる。学校林をもつ学校で、教員が自分で学校林を使った授業を行うことができる場合は、教員の手元に活動に必要な要素（森林＝学校林、学習者＝生徒、ソフト＝授業内容、指導者＝先生自身とそれ

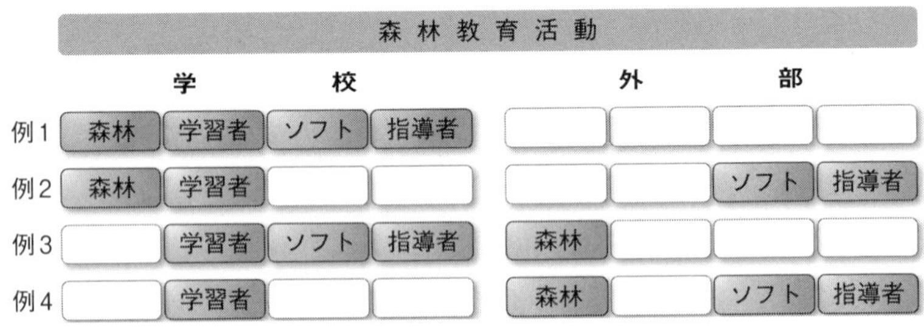

図7-5　学校における森林教育活動

に必要な教材・教具)が全てそろっており、いつでも実践に向けてのプロセスを進めることができる(**図7-5** 例1)。しかし、学校林があっても、教員自らが指導できない場合も少なくない。このような場合は、外部から指導者を求める必要がある。そういった場合には、ソフトについても外部の指導者に依存する例が多いだろう(例2)。次に、学校林をもたない学校の場合を考えてみよう。学校林をもたない学校で、教員が自分で森林を使った授業を行うことができる場合には、森林を外部に求めればよい(例3)。同様に森林を外部に求める場合でも、教員自身が森林を使った授業を行うことが難しい場合は、指導者も外部から求めることになる(例4)。例えば、林間学校などの際に、学校単独で行われる活動は前者(例3)、自然の家等の指導によって行われる活動は後者(例4)に該当する。学校の例から離れれば、例えば、所有する森林を森林教育の活動に使ってほしいと考える森林所有者は、そこで活動する学習者を求める必要がある。

このように、活動の実践に際しては、活動現場に必要な森林、学習者、ソフト、指導者を外部から求めなければならないことが、少なくないと思われる。したがって、活動の実践を進めるためには、地域における森林、学習者、ソフト、指導者を探し出し、結びつけるコーディネーターの役割が重要である。このようなことから、学校と地域をつなぐ教育連携コーディネーター(東京都)や、森林ボランティアに活動の機会を提供する森づくり活動サポートセンターの設置(秋田県)といった動きがみられる(東京都・地域教育推進ネットワーク東京都協議会 2013、あきた森づくり活動サポートセンター ホームページ参照)。

コラム　指導者の立ち位置

指導者にはさまざまな立場があり、指導するスタイルもさまざまある。しかし、全ての指導者に共通するのは、学習者に対するということであろう。指導者はソフトを用いて森林と学習者をつなぐのであるが、指導者が向きあうのは学習者であることに間違いない。

ところが、学習者に背中を向けてしゃがみ込み、地面に咲いている花に向かって説明をしている指導者をみることがある。花への深い愛情は感じられるが、学習者には肝心の花は見えないし、話もよく聞こえない。

森の中の道は細いので、１列になって進むことが多い。行列について歩いていると、前ぶれもなく止まり、前の方で指導者が何か話をしている。しかし、行列の後半にいる学習者は、再び前進が始まるのを待つだけである。話をしたい場所があったら、列の先頭をその少し先で止まらせて、後ろから来る者をぎゅっと間隔をつめてもらう。そうすると、話したい場所を中心にした短い列にすることができ、先頭から最後尾まで指導者の話を聞くことができる。

見せたいものが見えているか、聞かせたい話が聞こえているか、指導者が学習者に確認するのは簡単である。見せたいものの前に立って、「私が見えますか？」とたずねればよい。せまい道で、できるだけ短い列にまとめたのだが、やはり見えにくい、聞こえにくいなと感じたら、指導者自身が移動する。森の中は斜面になっていて、道は水平方向についていることが多い。短い列にまとめた学習者全員が見える位置まで、指導者が登る、あるいは降るのである。平坦な場所であれば、切り株や倒木、岩などに上がると同様の効果が得られる。

天気がよい日には、太陽の位置に気をつけなければならない。指導者が話をするときには、太陽に向かって立つことが原則である。そうすれば、指導者の顔に光が当たり、表情がよくわかる。また、資料や実物を見せながら話をしても、光が当たるので見やすい。指導者にとってまぶしい立ち位置がベストだ。

［大石］

学習者と向きあう

第8章　活動事例 ～森林教育内容の要素別～

森林教育が内包する教育内容として、[森林資源]、[自然環境]、[ふれあい]、[地域文化] を挙げた(第4章)。本章では、それぞれの具体的な活動内容をイメージするために、それぞれの活動事例を示してみることにする。

なお、本章では [森林資源]、[自然環境]、[ふれあい]、[地域文化] それぞれの活動事例として数件を挙げるが、それぞれの活動が [森林資源]、[自然環境]、[ふれあい]、[地域文化] のうちの一つの内容しか含まないわけではない。

例えば、「樹木測定」の活動は、測定結果を使って木材消費量へ展開しているので、[森林資源] の活動としているが、[自然環境] の活動として挙げた「森と地球温暖化」の前段として位置づける場合には、[自然環境] の活動としての「樹木測定」になるのである。本章での各活動はあくまで例示であり、それぞれの活動の位置づけを固定するものではない。なお、それぞれの活動事例に学習指導要領対応を表記したので、学校教育における実践の参考にしていただきたい。

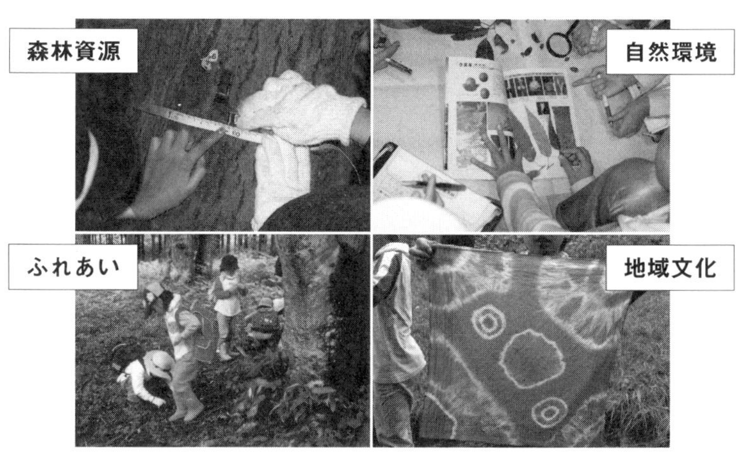

8.1　森林資源

［森林資源］に関する教育内容には、森林から得られる生物資源の利用を目的とした資源の育成、活用に関する内容で、森林から得られる生物資源の育成を主目的とした森林の保育、管理に関する森林管理と、森林から得られる生物資源の採取および加工、利用に関する資源利用がある。森林資源は、人間が生きていくために欠かすことができない生物資源を中心にとらえた内容である。したがって、森林資源は、本来は身近な問題である。ところが、国内林業が低迷し、木材の海外依存が定着するなかで、森林資源に対する関心は高いとはいえない。本節では、森林管理の基礎となる「樹木測定」、資源利用の木材生産を目的とする人工林育成における諸作業を体験する「林業体験」、森林管理と資源利用について学び考える「わたしたちのくらしと森林」の３事例を紹介する。

8.1.1　【事例１】樹木測定　［小学５年／算数、中学／数学］

樹木は一般に人の背丈に比べ何倍も大きいことから、大きさを把握することが難しい。そこで林業関係者は、樹木の大きさを幹の太さ（直径または周囲長）と高さ（樹高）でとらえるのが一般的である。太さと高さからは幹の体積（材積）を知ることができるので、立っている木の木材資源量を把握できる（**表8-1**参照）。また、木の大きさの測定を、定期的に継続することによって、木や森林の成長を把握することもできる。木の大きさや成長を知ることは、森林資源の現状把握のみならず、将来予測も可能にする。

(1) 木の高さ（樹高）を測る

木の高さを測るためには、棒状のものを木の高さまで伸ばして測る方法が考えられる。測竿（そつかん）は、建物などの高さを測る道具として市販されており、子どもでも扱うことができる。ただし、測竿は安価ではないので、その利用は測竿を林業関係者などから借用できる場合に限られるだろう（**写真8-1**）。

林業現場では、三角関数を応用して木から離れて測る方法が一般的であり、簡単に木の高さを計測することができる機械が普及している。メジャーを使わ

写真8-1
小学生による測竿を使った樹高測定

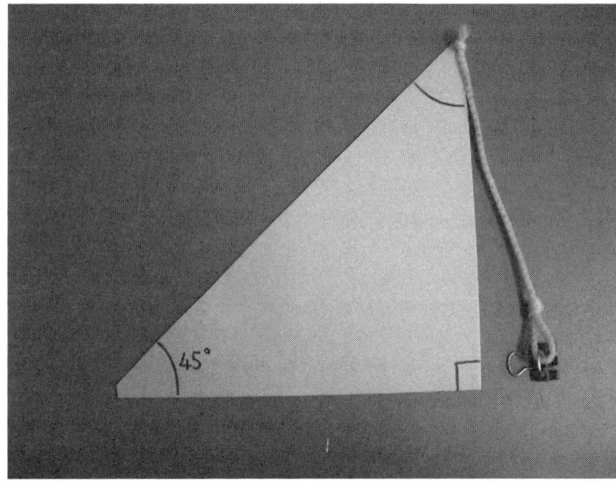

写真8-2
厚紙で作成した木の高さを測る道具

ず、目盛りを読むこともなく木の高さが表示される樹高測定機は、林業現場の近代化の好例である。林業関係者などから借用する機会があれば、試してみる価値がある。ここでは、三角形の相似形を応用して、木の高さを測る小学生でもできる方法を紹介する。

- 木の高さを測る道具のつくり方
  - ① 厚紙を短辺15cmの直角二等辺三角形に切り抜く（**写真8-2**）。
  - ② 安全のため鋭角2か所の角を切り落とす。
  - ③ 端を輪に結んだ細ヒモを短辺の長さに切って貼り付ける。

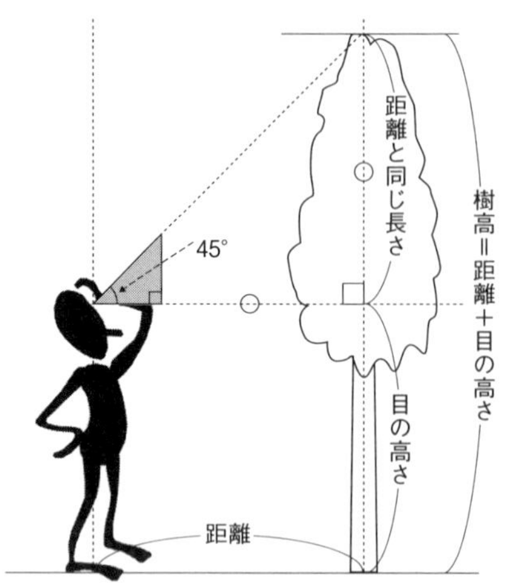

図8-1
木の高さはこうしてわかる

④細ヒモの先端に小さいダブルクリップを付ける。

• 木の高さを測る道具の使い方（**図8-1**）

①道具に付けたヒモが縦の辺に沿うように持つ

（道具を水平・垂直に保つためで、仲間に横から見て確認してもらう。）

②斜辺の先に木の最上部をとらえる

③立っている位置から木までの距離を測る

④木までの距離＋目の高さ＝木の高さを計算する

(2) 木の太さ（直径）を測る

木の幹は根元から梢に至るまで、位置によって太さが違うため、直径を測る位置を一定にする必要がある。そこで、日本の林業現場では地上高1.2mで測るのが原則である。なお、北海道や海外の林業現場、生態調査などでは地上高1.3mで測る。これら地上高1.2mまたは1.3mは、木の太さを測る人が、無理な姿勢をとることなく計測できるように定められた位置であり、胸の高さという意味から胸高（きょうこう）と呼ばれる。胸高位置で計測された直径を、胸高直径と呼ぶ。

木の太さを正確に計測するためには、巻き尺が使われる（**写真8-3**）。しかし、巻き尺は幹を1周させる必要があって計測に時間がかかることから、多くの木を計測する必要がある林業現場では、輪尺（りんじゃく）と呼ばれる道具が使われる。輪尺はノギスを大きくした形の道具で、木の幹を挟んで直径を直接計測することがで

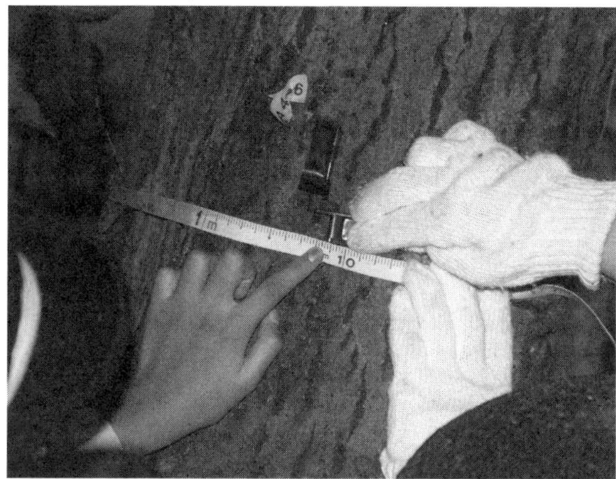

写真 8-3
小学生による巻き尺を使った木の周囲長の測定

写真 8-4
小学生による輪尺を使った木の直径の測定

きる(**写真 8-4**)。なお、林業現場では、木の太さを直径であらわすのが一般的である。木の太さを測る専用の巻き尺として、通常の3.14倍の目盛りを持った直径巻き尺が用いられる。

樹木測定ではさまざまな道具を用いて長さや距離を測るだけでなく、相似図形や三角関数、円周率を応用した計測・計算も含まれることから、算数の学習にもつながるものである。

日本人の1人当たりの木材消費量は年間0.55 m^3(木材需要70,633千 m^3/総人口127,515千人、2012年)である。たいした量ではないように感じるが、1日分

表8-1　木の高さと太さから材積を知る早見表　秋田・山形地方スギ人工林(m^3)

木の高さ(m)	木の太さ(cm)　※地上1.2m位置の直径								
	4	6	8	10	12	14	16	18	20
4	0.003	0.007	0.01	0.02	0.02				
5	0.004	0.009	0.01	0.02	0.03	0.04	0.05		
6	0.005	0.01	0.02	0.03	0.04	0.05	0.06	0.07	0.09
7	0.006	0.01	0.02	0.03	0.04	0.05	0.07	0.09	0.10
8	0.007	0.01	0.02	0.03	0.05	0.06	0.08	0.10	0.12
9	0.008	0.02	0.03	0.04	0.05	0.07	0.09	0.11	0.14
10	0.008	0.02	0.03	0.04	0.06	0.08	0.10	0.12	0.15
11		0.02	0.03	0.05	0.07	0.09	0.11	0.14	0.17
12		0.02	0.03	0.05	0.07	0.10	0.12	0.15	0.18
13		0.02	0.04	0.05	0.08	0.10	0.13	0.16	0.20
14		0.02	0.04	0.06	0.08	0.11	0.14	0.18	0.21
15		0.03	0.04	0.06	0.09	0.12	0.15	0.19	0.23
16					0.10	0.13	0.16	0.20	0.25
17					0.10	0.14	0.18	0.22	0.26
18					0.11	0.15	0.19	0.23	0.28
19					0.12	0.15	0.20	0.24	0.29
20					0.12	0.16	0.21	0.26	0.31
21							0.22	0.27	0.33
22							0.23	0.28	0.34
23							0.24	0.30	0.36
24							0.25	0.31	0.38
25							0.26	0.32	0.39
26									

木の高さ(m)	木の太さ(cm)　※地上1.2m位置の直径									
	22	24	26	28	30	32	34	36	38	40
4										
5										
6	0.09	0.10	0.12	0.13	0.15					
7	0.11	0.12	0.14	0.16	0.18					
8	0.13	0.15	0.17	0.19	0.21					
9	0.15	0.17	0.19	0.22	0.25					
10	0.17	0.19	0.22	0.25	0.28					
11	0.19	0.22	0.25	0.28	0.32	0.35	0.39	0.43	0.48	0.52
12	0.21	0.24	0.28	0.31	0.35	0.39	0.44	0.48	0.53	0.58
13	0.23	0.26	0.30	0.35	0.39	0.44	0.48	0.53	0.59	0.64
14	0.25	0.29	0.33	0.38	0.43	0.48	0.53	0.58	0.64	0.70
15	0.27	0.32	0.36	0.41	0.46	0.52	0.58	0.64	0.70	0.76
16	0.29	0.34	0.39	0.45	0.50	0.56	0.62	0.69	0.76	0.83
17	0.32	0.37	0.42	0.48	0.54	0.60	0.67	0.74	0.81	0.89
18	0.34	0.39	0.45	0.52	0.58	0.65	0.72	0.80	0.87	0.95
19	0.36	0.42	0.48	0.55	0.62	0.69	0.77	0.85	0.93	1.02
20	0.39	0.45	0.52	0.59	0.66	0.74	0.82	0.90	0.99	1.09
21	0.41	0.48	0.55	0.62	0.70	0.78	0.87	0.96	1.05	1.15
22	0.43	0.51	0.58	0.66	0.74	0.83	0.92	1.02	1.12	1.22
23	0.46	0.53	0.61	0.70	0.78	0.88	0.97	1.07	1.18	1.29
24	0.48	0.56	0.65	0.73	0.83	0.92	1.03	1.13	1.24	1.36
25	0.51	0.59	0.68	0.77	0.87	0.97	1.08	1.19	1.31	1.43
26	0.53	0.62	0.71	0.81	0.91	1.02	1.13	1.25	1.37	1.50
27	0.56	0.65	0.75	0.85	0.95	1.07	1.18	1.31	1.44	1.57
28	0.58	0.68	0.78	0.89	1.00	1.12	1.24	1.37	1.50	1.64
29	0.61	0.71	0.81	0.93	1.04	1.16	1.29	1.43	1.57	1.71
30	0.64	0.74	0.85	0.96	1.09	1.21	1.35	1.49	1.63	1.79

資料:『立木幹材積表・東日本編』(林野庁計画課編、日本林業調査会発行 2003)

が1辺約12cm弱の立方体に相当するので、それが365個で1年分だと考えると、私たちが大量の木材を消費していることが実感できる。これを立っている木で考えると、胸高直径28cm、樹高19mのスギ1本分に相当する(**表8-1**参照)。したがって、実際に立っている木を測定することによって、自分たちが木を使っている量を実感することができる。その際、その木が苗木を植えてから現在の大きさに育つまでに、数十年かかっていることを考えれば、数十本の木が順調に成長していなければ1人分の木材需要をまかなえないことがわかる。1人分で1本必要なので、家族の分、クラスや学年の分を考えれば、さらに多くの木、森林が必要であることが実感できる。

8.1.2　【事例2】林業体験　［小学5年／社会、中学／地理］

林業では、主に木材の生産を目的に森林の育成・管理を行う。その方法は、地域や目的によりさまざまだが、植え付けから収穫までに概ね50～60年かかる。その間に、木を健全に育て、良質な木材を得るためにさまざまな作業を必要としている。ここでは、スギ人工林を例に紹介する。

① 植え付け：クワを使って地面に植え穴を掘り、苗木(高さ数10cmまで苗畑で育成したもの)を植え付ける(**写真8-5**)。

② 下刈り：植え付けた苗木が小さい間は、周囲の草丈が苗木を越えて苗木の成長を妨げるので、カマを使って苗木の周りの草を刈り払う(**写真8-6**)。

③ 枝打ち：枝は、木が太くなる過程で幹の中に埋もれてゆき、後に木材として利用する際に節としてあらわれる。特に枯れ枝は木材を板にした時に、節穴の元になる。また、枯れ枝は害虫の進入口にもなる。これらの問題を避けるため、ハサミやノコギリを使って下層の枝を切り落とす(**写真8-7**)。

④ 間伐：スギやヒノキの人工林では、植えた木が真っ直ぐに早く成長するように、最後に収穫する本数の何倍も多くの苗木を植え付ける。隣接する木の間で光を取り合う結果、太るよりも高くなる成長を優先させるようになる。このことが、木を真っ直ぐに早く成長させることにつながるわけである。しかし、その状態が行き過ぎると、木は細く長くなって、強風や雪によって折れたり倒れたりしやすくなる。また、森林内が暗くなって下草が生えなくなり、むき出しになった地面の土が雨によって流出することもある。これらの問題を避ける

写真 8-5
小学生による植え付け

写真 8-6
中学生による下刈り

ため、ノコギリを使って間伐を行い、木の混み具合を緩和する(**写真 8-8**)。

⑤ 伐採：目的の木材を採ることができる大きさに達した木を、収穫するために切り倒す。大きくなった木の伐採には危険を伴うので、専門家が行う伐採作業を離れた場所から見学する(**写真 8-9**)。

以上の作業は、伐採を除けば小学校中学年以上で実施可能である。ただし、刀物を用いたり、重量のある木を倒したりすることから、危険を伴う作業であることを忘れてはならない。どの作業を行う場合でも、十分な指導者を配置して道具の使い方や作業者の間隔、間伐木の選定などについてきめこまかい安全管理をすることが前提である。

写真8-7
小学生による枝打ち

写真8-8
小学生による間伐

写真8-9
専門家による伐採
(今はほとんど見ることができない秋田天然スギの巨木が伐られる場面)

写真 8-10
6時間目の討論
子どもたちの発言を黒板に書き出していく

8.1.3 【事例3】わたしたちのくらしと森林 ［小学5年／社会、中学／地理］

教室における活動事例である。5年社会科の小単元「わたしたちのくらしと森林」は、森林資源が国土の保全のために重要な役割を果たしていることや、その育成や保護のために人々が工夫や努力をしていることを調べ、森林と国民生活が密接に関連していること、森林資源の保全には国民の協力が必要であることを考えることを目標としている。この事例では、6時間をかけて学習を積み重ね、最後には各自の考えを述べ議論する自主討論に至っている（**写真 8-10**）。

・1時間目：日本の森林の様子を理解し、天然林と人工林、手入れされた人工林と手入れ不足の人工林の比較から、森林を保護、育成する人に関心をもつ。
・2時間目：森林の管理にかかわるさまざまな人とその仕事の資料をもとに、森林を保護、育成する人の取り組みを調べ、工夫や努力に気付く。
・3時間目：森林の管理が行われる理由を考え、図書資料などにより森林の働きについて調べ、まとめる。
・4時間目：森林の働きについて調べたことを全体で共有し、森林の大切さについて考える。
・5時間目：林業の就業者数や年齢構成、輸入材と国産材の割合、木材自給率の資料をもとに、日本の森林の現状や林業の課題を知る。
・6時間目：これまでの学習をもとに、生徒の相互指名による意見発表と討論を行い、これから森林を守っていくために大切なことは何かを考える。

コラム　生命の森林体験

森林は無数の生命の集合体であるが、森林での活動のなかで生命はどのように意識されているだろうか。森林教育の内容に沿って考えてみると、自然環境の活動では、野生生物の観察や保護といった内容で、生物たちの生命を意識することが多いと思われる。一方、ふれあいの活動では、森林の美しさを感じたり表現したりする内容や、クラフトの材料やキャンプの燃料に自然の材料や資源を利用する内容で、森林の生命に由来するさまざまな恩恵が利用される。そこでは、森林の生命は間接的な存在である。森林資源の活動では、木材や炭などの資源を生産する内容で、森林の生命は資源を生みだす源として位置づけられる。ここでも、森林の生命は間接的な存在である。

それでは、ふれあいの活動や森林資源では生命を意識することは難しいのだろうか。ふれあいや森林資源の活動における生命は、私たちに恩恵を与えてくれるありがたい存在である。

小学生のグループが間伐作業に取り組んでいた。交代でノコギリをひいて木が倒れ、一斉に歓声があがった。その時、1人の男子生徒が「木殺してイェーだって、さーいていだ。何でイェーなの？　何でみんなさ、木を倒してイェーなの。」と声をあげた。ポロポロと涙をこぼしながらである。隣にいた女子生徒が「苦労が満たされたからでしょ！」、と言い返した。男子生徒は樹木の生命が終わったことを感じ、女子生徒は仲間とともにやり遂げた達成感を感じていたのだろう。林業には自然を破壊するイメージがあるが、かけがえのない資源を与えてくれる自然に感謝しながら仕事をするのが本来の姿である。　［大石］

交代でノコギリをひく

8.2 自然環境

［自然環境］に関する教育内容には、森林生態系の観察や調査、さらに生物多様性の保全などの活動を含む生態系と、動植物などの生物、大気や水、土などの環境要素を含む森林生態系、および森林が存在することによって果たす環境機能に関する学習と、持続的に森林の機能を発揮させるための森林の保全活動を含む森林環境がある。本節では、生態系の基礎となる木をとらえる「樹木のビンゴ・観察・図鑑づくり」、森林環境の水の動きと森林の関係をとらえる「森林と水」、生態系の木の成長と森林環境の地球温暖化との関係をとらえる「森林と地球温暖化」の３事例を紹介する。

8.2.1 【事例１】樹木のビンゴ・観察・図鑑づくり ［小学４年／総合 理科］

木にはいろいろな種類があり、森林がさまざまな木が集まってできていることに気付くことが、自然への興味関心につながる。自然環境へのアプローチは、観察や名前を知ることから始められる傾向がある。しかし、観察や名前を知ることは、対象となる生き物への興味関心によって動機付けられるべきものである。

この事例では、森林生態系を代表する生き物である樹木への興味関心を喚起するビンゴゲームから観察・図鑑づくりに展開する。

ビンゴゲームは、葉の形からさまざまな木があることに気付くことができる「木の葉ビンゴ」(**図8-2**)、葉の形と葉の付き方も組み合わせたやや難しい「森の木ビンゴ」(**図8-3**)など、学習者のレベルや活動の目的に応じて内容を調整することができる。ゲームを行った後では、葉の形や付き方が、樹木を見分けるポイントになることを紹介する。ビンゴゲームを入口にすることで、観察や図鑑づくりへスムースに展開することができる。観察では葉などの特徴をよくみて、図鑑と付き合わせて確認する(**写真8-11・12**)。虫眼鏡を使っての観察や、スケッチをすることによって形や色の特徴をしっかりととらえることができる。

8.2.2 【事例２】森林と水 ［小学４年／総合 社会］

私たちの生命は水なくしては成り立たない。森林に川の源流域があるのは、

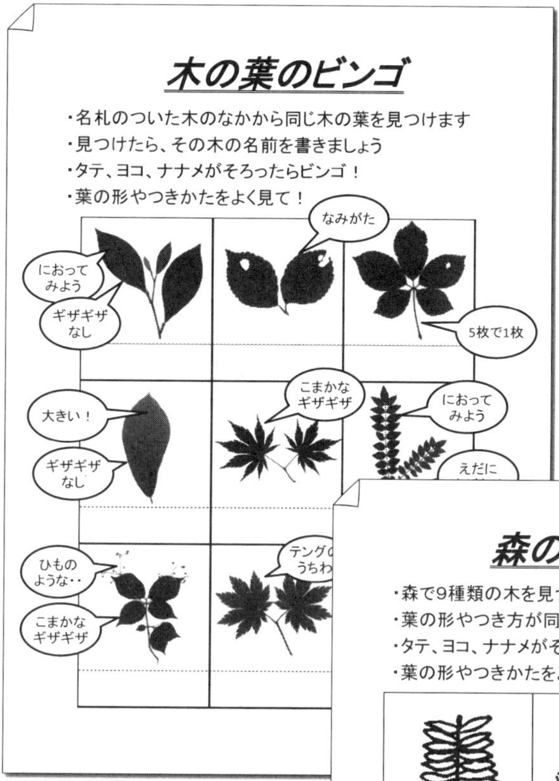

木の葉のビンゴ

・名札のついた木のなかから同じ木の葉を見つけます
・見つけたら、その木の名前を書きましょう
・タテ、ヨコ、ナナメがそろったらビンゴ！
・葉の形やつきかたをよく見て！

におって みよう
ギザギザ なし
なみがた
5枚で1枚
大きい！
ギザギザ なし
こまかな ギザギザ
におって みよう
えだに
ひもの ような・・
こまかな ギザギザ
うちわ

図8-2　木の葉のビンゴカード

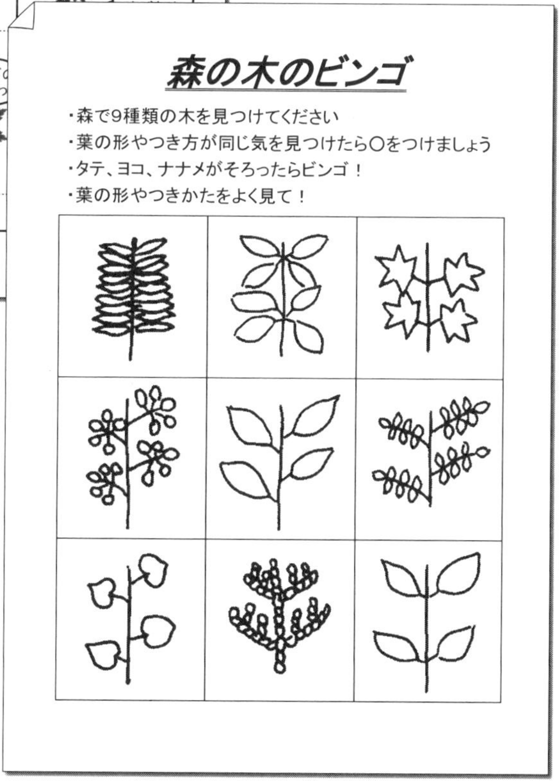

森の木のビンゴ

・森で9種類の木を見つけてください
・葉の形やつき方が同じ気を見つけたら○をつけましょう
・タテ、ヨコ、ナナメがそろったらビンゴ！
・葉の形やつきかたをよく見て！

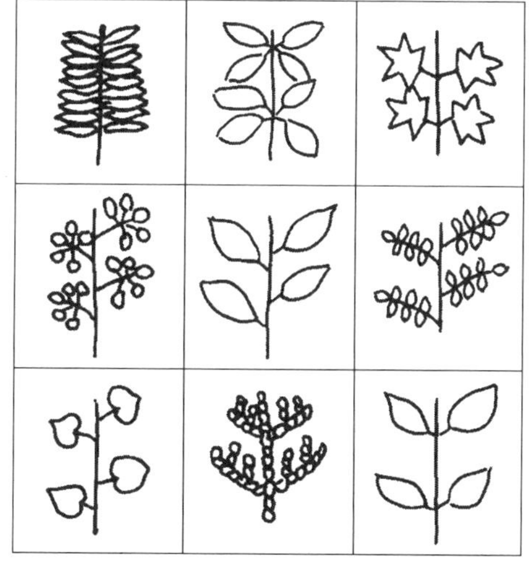

図8-3　森の木のビンゴカード

写真 8-11
採取した枝先を観察する

写真 8-12
図鑑と付き合わせて葉の特徴を確認する

森林が水源を育む働きをしているからである、このような森林と水の関わりを知るためには、川の源流部を訪れるとよい。大きな河川の源流は山奥にあって訪れるのは難しいが、地域の森林の中に小さな流れの始まりを見つけることは、それほど難しいことではない。そのような川の始まりを訪れることは比較的容易である。ここでは、多摩川水系にある多摩森林科学園の小さな川の始まりでの森林と水にかかわる話の事例を紹介する。

まず、多摩川が山梨県の笠取山から東京湾に注ぐ延長 138 km の大きな川であることと、子どもたちの学校の場所、今いる場所を地図上で確認する（**図 8-4**）。次に、森林の中に小さな川が 3 本あることを示して現地へ向かう（**図

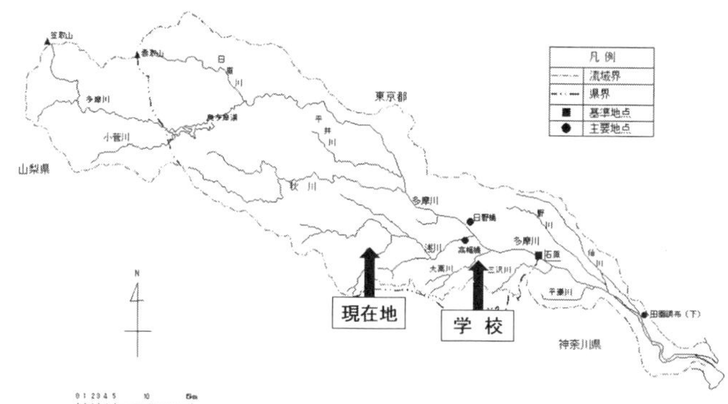

図8-4　多摩川の流域図(国土交通省ホームページの原図に加筆)

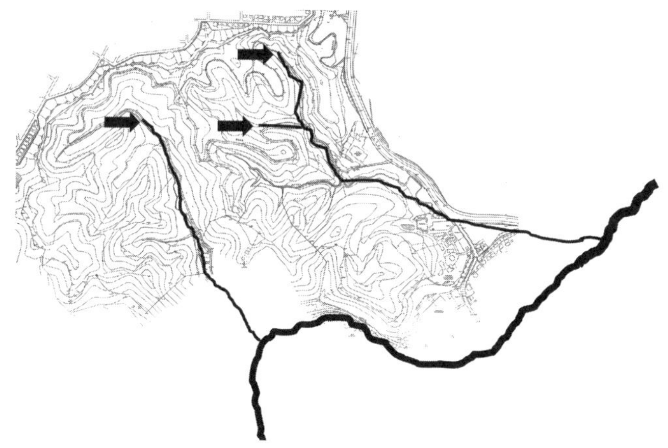

図8-5　多摩森林科学園の地形図(矢印は川の流れの始まり)

8-5)。現地で川の流れの始まりを確認し、森林に降った雨水が土にしみ込んで出てきたものであること、森林の土に雨水がしみ込みやすいのは、土の中で大小さまざまなすき間が網の目のようにつながっているからであることを紹介する(図8-6)。さらに、川の上流の森林には、①水辺の木が太陽の光をさえぎり、水温上昇を防いで川に住む生き物を守る働き、②木から落ちる葉や枝、昆虫が川に住む昆虫や魚のエサになる働き、③川の中に倒れた木が魚の隠れ

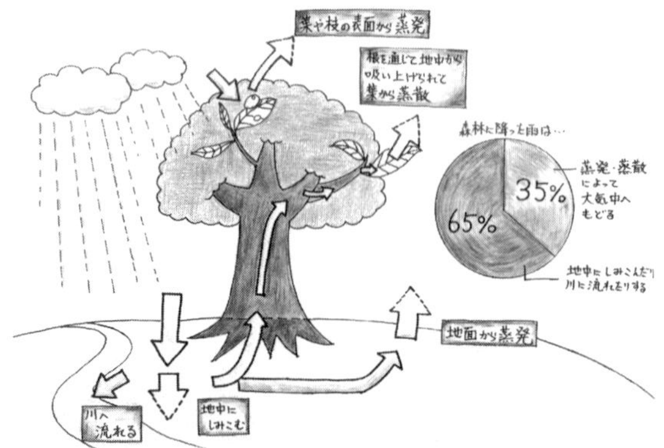

図8-6　森林に降った雨のゆくえ

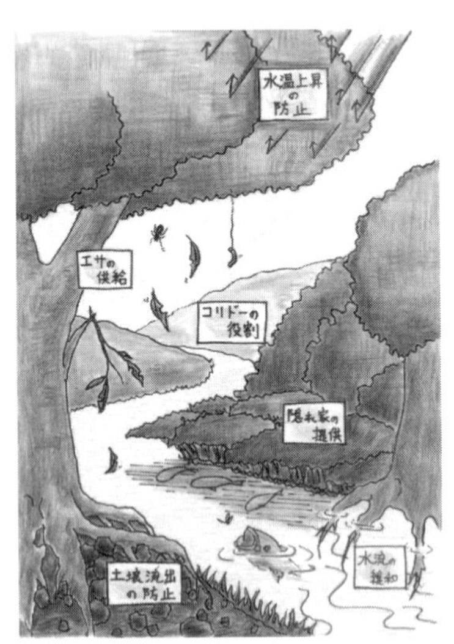

図8-7　川の上流をかこむ森林の働き

場所を作る働き、④水辺に張り出した枝や木が、水の流れをおだやかにする働き、⑤水辺に立つ木の根が土をつかんで、流れ出るのを防ぐ働き、⑥森林が川と陸、上流と下流をつないで、動物たちの渡り廊下(コリドー)になる働き、といったさまざまな働きがあることを、実際の川の始まりと周囲の森林の様子をみながら紹介する(**図8-7**)。

8.2.3　【事例3】森林と地球温暖化　［小学5年／算数、中学／地理 理科2］

植物は成長するために光合成を行って、大気中から二酸化炭素を吸収し酸素を排出している（植物も動物と同様に呼吸によって二酸化炭素を排出するが、光合成による吸収に相殺される）。木は草に比べて大きく育つので、その中に二酸化炭素由来の有機物を多量に蓄積している（**表8-2**）。動物は生命を維持するために、大気中から酸素を吸収して二酸化炭素を排出する呼吸を行っている。人間は呼吸以外にも、エネルギーを得るために燃料を燃やすなど、さまざまな社会活動によって大気中に二酸化炭素を排出している。このような二酸化炭素の吸収と、排出のバランスが崩れ、大気中の二酸化炭素濃度が上昇を続けていることが、地球温暖化の原因の一つになっている（温暖化の原因となる温室効果ガスは、フロンなど二酸化炭素以外にもあるが、二酸化炭素は地球温暖化に及ぼす影響が最も大きいとされている）。

胸高直径28cm、樹高19mのスギの木の中には、597kgの二酸化炭素が蓄積されている。日本人はエネルギーを得るために1人が1年間に9,470kgの二酸化炭素を排出している（2012年・環境省）。これは、スギの木16本に相当する量であるが、スギの木が小さな苗木からこの大きさに育つまで数十年かかることを考えれば、数百本のスギの木が順調に成長していなければ、1人1年分の二酸化炭素排出分を吸収できないことになる。地球温暖化対策として森林による二酸化炭素吸収への期待があるが、木を1本植える程度で解決するレベルではないことを理解する必要がある。

この内容は、室内でも学習することができるが、8.1の事例1で示した樹木測定と組み合わせて、現実の立木の大きさで実感したい。なお、木炭は木が大気中から吸収蓄積した炭素に由来するので、炭焼きの体験や実験、木炭の観察といった活動と組み合わせて行うことも有意義である。

8.3　ふれあい

［ふれあい］に関する教育内容には、五感を通じ森林に親しむことを主な目的とした保健休養と、活動の主な目的を体を動かす活動そのものとする野外活

表8-2　木の高さと太さから木のなかの二酸化炭素蓄積量を知る早見表　秋田・山形地方スギ人工林(kg)

	木の太さ(cm)　※地上1.2m位置の直径								
木の高さ(m)	4	6	8	10	12	14	16	18	20
4	3	8	11	22	22				
5	4	10	11	22	33	43	54		
6	5	11	22	33	43	54	65	76	98
7	7	11	22	33	43	54	76	98	109
8	8	11	22	33	54	65	87	109	130
9	9	22	33	43	54	76	98	119	152
10	9	22	33	43	65	87	109	130	163
11		22	33	54	76	98	119	152	185
12		22	33	54	76	109	130	163	196
13		22	43	54	87	109	141	174	217
14		22	43	65	87	119	152	196	228
15		33	43	65	98	130	163	206	250
16					109	141	174	217	272
17					109	152	196	239	282
18					119	163	206	250	304
19					130	163	217	261	315
20					130	174	228	282	337
21							239	293	358
22							250	304	369
23							261	326	391
24							272	337	413
25							282	348	424
26									

	木の太さ(cm)　※地上1.2m位置の直径									
木の高さ(m)	22	24	26	28	30	32	34	36	38	40
4										
5										
6	98	109	130	141	163					
7	119	130	152	174	196					
8	141	163	185	206	228					
9	163	185	206	239	272					
10	185	206	239	272	304					
11	206	239	272	304	348	380	424	467	521	565
12	228	261	304	337	380	424	478	521	576	630
13	250	282	326	380	424	478	521	576	641	695
14	272	315	358	413	467	521	576	630	695	760
15	293	348	391	445	500	565	630	695	760	826
16	315	369	424	489	543	608	674	750	826	902
17	348	402	456	521	587	652	728	804	880	967
18	369	424	489	565	630	706	782	869	945	1032
19	391	456	521	597	674	750	836	923	1010	1108
20	424	489	565	641	717	804	891	978	1075	1184
21	445	521	597	674	760	847	945	1043	1141	1249
22	467	554	630	717	804	902	999	1108	1217	1325
23	500	576	663	760	847	956	1054	1162	1282	1401
24	521	608	706	793	902	999	1119	1228	1347	1477
25	554	641	739	836	945	1054	1173	1293	1423	1553
26	576	674	771	880	989	1108	1228	1358	1488	1629
27	608	706	815	923	1032	1162	1282	1423	1564	1705
28	630	739	847	967	1086	1217	1347	1488	1629	1782
29	663	771	880	1010	1130	1260	1401	1553	1705	1858
30	695	804	923	1043	1184	1314	1467	1619	1771	1944

資料：立木幹材積表・東日本編（林野庁計画課編・日本林業調査会発行 2003）を基に作成　　※材積×1086.3

動があるが、両者は一体として行われることが多い。本節では、子どもが森林に親しむ第1歩ともいえるドングリ拾いと拾ったドングリなどを使い創造する「ドングリ拾い・クラフト」、自然環境の豊かさや意外性を感じる「色探し」、森林を表現の場や素材とすることでその魅力に気付く「森の展覧会」、森林の環境を活かした癒しから冒険までの幅がある「森を歩く」の4事例を紹介する。

8.3.1　【事例1】ドングリ拾い・クラフト　［小学1･2年／生活 図画工作］

ドングリなどの木の実や木の葉を拾い、拾ったものを材料に、図画工作の作品を作成する。森林を歩く子どもたちにとって、地面に落ちている木の実や落ち葉は自然からの贈り物ともいえる。木の実や落ち葉を拾うのは、子どもたちが自然に関心を向ける第1歩であるのだから、心ゆくまで拾わせたい。拾い集めたものは、絵や作文の題材にもなるが、クラフトの素材として活かすこともできる(**写真8-13**)。木の実や落ち葉は、それだけで自然の造形として魅力あ

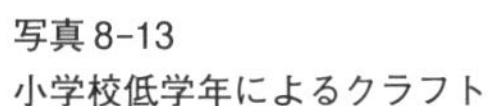

写真8-13
小学校低学年によるクラフト

るものであるが、子どもたちはそれらを組み合わせて、森林の生き物の姿などを自由に発想する。子どもたちの発想は自由であるがゆえに実現が難しいが、ホットメルト接着剤を使うと、付けたいものを付けたいところに接着することができる。道具(グルーガン)と接着剤が高温になるので、低学年以下の子どもの場合には、接着剤の塗布は指導者が行う。

8.3.2 【事例2】色探し ［小学3年／図画工作］

森林の中から色を探すことで、森林の姿に気付き、関心をもつ。あらかじめ好きな色や春の色を絵の具で作りワークシートに塗っておいて、森林の中から同じ色を探し出す。あるいは、色紙を貼った色スティックをくじ引きして、森林の中から同じ色を探し出す。前者には、準備する色を考える過程で、森林にはどんな色があるだろうかと、想像力を働かせるところに特長があり、後者には、偶然引き当てた色が難しい色であっても自然の中から見つけ出すという、挑戦的なところや意外性に特長がある。前者は個人向け、後者はグループ活動向けの活動である。

自然の中にはなさそうな色であっても、花びらの先や葉の付け根、樹皮や落ち葉など、思いがけない所に見つけることができる。こういったアドバイスを加えることで、子どもたちと森林との距離が縮まる。探している色が見つかったかの判定は、難しい色であれば幅をもって、緑系など容易な色であれば厳密に行うように加減する。

色を見つけたら、色があった場所の様子をスケッチする、文で表す、写真に撮るなどして記録するとよい。色探しが終わったら、どんなところにどんな色があったかを報告しあって、森林にはさまざまな色があることを確認する。

色探しの活動からは、生物の保護色や花や木の実の色など、自然の中で色がもっている意味を通じて森林生態系への興味関心を喚起することもできる(**写真8-14・15**)。また、色の名前には、桜色、栗色、松葉色など、自然の色にちなんだものが数多くある。そういった伝統色は、古典文学の表現や伝統文化の衣装、祭具、建物などに使われているので、地域や日本の伝統文化へつなげることもできる。例えば、色見本のDICグラフィックス「日本の伝統色」には300色が収められていて、この活動に好適である。

写真 8-14
絵の具で塗った春の色を見つけた

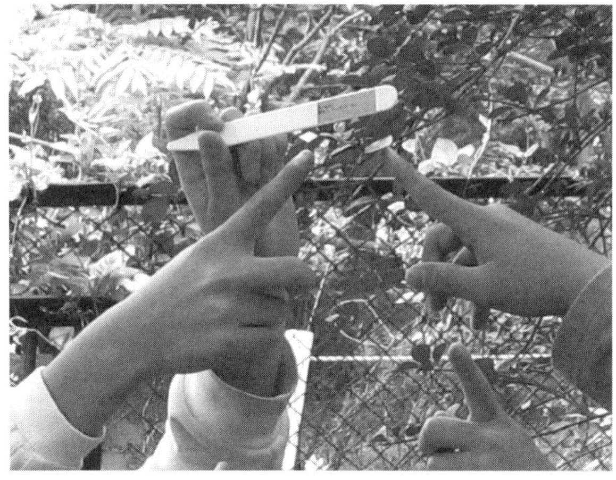

写真 8-15
色スティックの色を見つけた

8.3.3　【事例 3】森の展覧会　［小学 5･6 年／図画工作］

森林にある自然物を作品に仕立てたり、森林空間を展示室に見立ててクラフト作品を配置したりして、展覧会を開く。森林では、花や木の葉、木の実などの造形美や、意味ありげな枝振りの木や樹皮の模様を見つけることができる。例えば☆型のもの、笑っている顔など、出されたお題を探すゲーム的な活動によって、自然の造形に興味関心をもつことができる。しかし、特に課題を与えずに、森林の造形と子どもの感性が共同で生みだす自由な作品は、予想を超えた魅力をもつ。指導者は、画用紙や油性ペン、ハサミ、ヒモなど汎用性のある道具や材料を準備し、展覧会場の範囲を示すにとどめ、子どもたちの安全や自然への影響に配慮しつつ見守りたい。

森林での活動や創作活動の経験など、子どもたちの状況によっては、作品例などのヒントを与える方がよい場合もあるが、ヒントを与え過ぎることで創造性を損なわないようにしたい。また、作品を製作する単位は個人でもグループでも差し支えないが、やはり子どもたちの状況を考えたい。個人では一人一人の個性が生かされた作品、グループでは力をあわせることで一人ではできない作品が期待できる。

枯れ枝のフレームを使って森林の造形を切り取ったり、立木を人物に見立てて何かを語らせたり、工夫次第でさまざまな作品を生みだすことができる(**写真 8-16・17**)。展覧会では、作品を作る際の工夫や、みどころなどを作者から発表してもらうとよい。あわせて、作品を通じて伝えたいメッセージを発表すると、森林と子どもの共同作品としての性格をより生かすことができる。

なお、展覧会が終了したら、自然のなかにあったものは元の場所へ戻し、森林の外から持ち込んだものは回収する。活動によって不必要に自然を傷つけたり、汚したりしないように考えることも重要である。

8.3.4　【事例 4】森林を歩く

森林を歩くという行為は、幅広い活動に含まれている。活動の一部、あるいは手段とも考えられるが、ここでは森林を歩くことを主体とする活動として、改めてとらえてみたい(**写真 8-18**)。森林を歩く活動にはさまざまな形があるが、森林を歩くことそのものを目的とする活動と、目的地へ移動することを目的とする活動に大別できる。

森林を歩くことそのものを目的とする活動の例としては、散歩や散策がある。目的地や時間を定めずに気ままに歩くので、歩く速さも、立ち止まることも自由である。周囲の自然からの働きかけによって、五官が覚醒されて自然と向きあうことができる。目的地や時間を気にしながら歩を進めれば、気がつくこともない小さな花の姿や香り、鳥の声が五官に流れ込んでくる。このようにして感じたことを、同行する仲間と伝えあうことは楽しいし、自分では気付かない

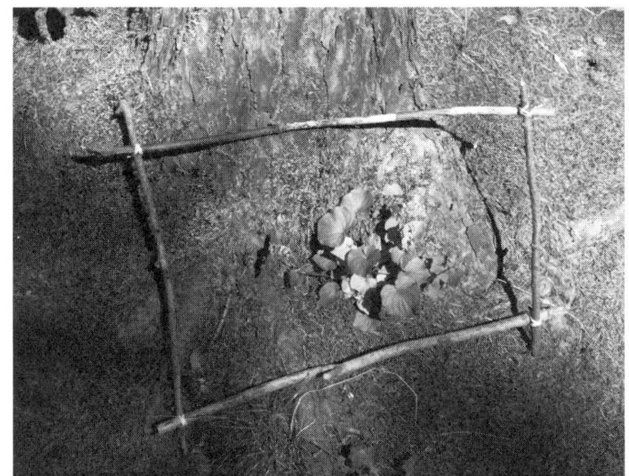

写真8-16
枯れ枝のフレームを使った作品

写真8-17
立木を人物に見立てた作品

ことを気付かせてもらうこともできる。そこで、あえて口を閉じて歩くことを提案したい。言葉を使うことを制限する代わりに、身振り手振りで伝えあうのである。自分の目を指さしてから見つけた花を指さす。続いて鼻を指さしてから花をクンクンすれば、仲間は花の香りがするのだなとわかる。小鳥の声に気付いたら、耳に手を当てながら声のする方を指さす。情報や感動を伝えあううちに仲間との話に夢中になって、せっかく開かれた五官を閉じないようにする工夫である。

目的地へ移動することを目的とする活動の例としては、登山が挙げられる。

写真 8-18
気ままに歩く森のお散歩

写真 8-19
雨の中で急斜面を助け合いながら登る小学生

登山では、山の頂を目的地として歩く。厳しい登りは果てしなく続くかと思われ、苦しい息のなかで、足を前に出し体を引き上げる動作を繰り返す。そのようななかで、自分自身や仲間との対話が生まれてくる（**写真 8-19**）。自分はがんばれるのか、仲間と力をあわせられるのかを問い、確かめていくのである。自然は、急斜面をゆるめることなく立ちはだかる絶対的な存在である。その自然を克服して頂に立つためには、自分自身と仲間の力しかないのである。

8.4　地域文化

［地域文化］に関する教育内容には、身近な緑など主に物理的な環境に関する地域環境と、催事や文化、林業を営む人や職業など主に人の暮らしに関する暮らしの内容がある。本節では、地域環境の森林のあり方を人の視点と野生生物の視点から考える「森の目・人の目」、森林にかかわるさまざまなことを取材してまとめて表現する「森の番組づくり」、暮らしの自然の素材を暮らしに生かす「草木染め」の３事例を紹介する。

8.4.1　【事例１】森の目・人の目　［中学／総合 地理］

実際の森林を対象に、人である自分の立場と森の生物の立場でとらえて考える。森林に入った時、気持ちがいいなぁ、暗くて怖いなぁなどと感じたり思ったりするのは、自分自身である。同じ場所に立っても、人によって感じ方は違う。その森林を好ましく思う人は、大切だと考えるが、好ましく思わない人は、無くなってもかまわないと考えるかもしれない。

ところで、森林にはさまざまな生き物がいるが、私たちはその立場から考えることがあるだろうか。森林の生き物たちの立場からも考える必要があるのではないか。森の目・人の目は、このような問題意識をもつきっかけになる。

① 実際の森林を歩き、よく見て、自分の立場から見たときに感じる、“もっと○○な森だったらいい”、同じ森林を森林の生き物の立場から見たときに感じる“もっと○○な森だったらいい”を、短い文で紙片に書き出す。このとき、森林の生き物の立場から書く紙片には、タヌキ、カブトムシ、ミミズなどと、想定した生き物の名前を書くようにする。森林の生き物といっても多様であり、生き物によって感じることが違うはずだからである。② 感じたことを書いた紙片を、「森の目」と「人の目」それぞれの模造紙に貼って整理する。書かれている内容が同じものは重ねて貼り、類似したものは近くに貼る。対照的な内容のものは、上下あるいは左右に大きく離して貼る。参加者は２つに分かれて、それぞれの模造紙の上で、紙片を移動させて整理していく。紙片の位置は簡単には決まらないので、貼り直しが可能な大きめの付箋紙を用いると便利

写真 8-20
中学生が整理した「森の目」と「人の目」でとらえた学校林についての発表の様子

である。整理が進むと、紙片の固まりが現れてくるので、それぞれをマーカーで囲んで名称を付けていく。整理された構図から、人の目でとらえた森林、森林の生き物の目でとらえた森林、それぞれの望ましい姿を考える。③「森の目」と「人の目」それぞれについて整理された内容を紹介しあう（**写真 8-20**）。両者を比較して、森林の生き物の立場と人の立場の相違点と共通点を見つけ、その意味を考える。最後に、森林の生き物の立場と人の立場は両立可能なのか、両立させるための方法はどのようなものかを考える。このことは、地域における自然と人との関わり方や、問題に対する合意形成の仕方を経験するものであり、実現が求められている持続可能な社会の担い手になる者にとって貴重な体験になる。

この活動は、校庭や公園の小樹林を対象にしても行うことができるが、できれば学校林など、参加者が森林の管理運営に主体的にかかわることができる森林を対象に行いたい。検討した結果を、実際の森林の管理運営に反映させることができるからである。もちろん、森林の管理運営について、知識や経験が不足している者の考えだけで、実際の森林を管理運営することは問題がある。専門家の意見を聞いたり、部分的な試行で影響や結果を確かめたりしながら進めるといった工夫も必要である。

写真 8-21
作成した番組の発表

8.4.2 【事例 2】森の番組づくり ［小学5年／国語］

地域の森林をテーマに、グループまたは個人でTV番組をつくり発表する。番組の形式は幅広く考えられるが、番組を通じて何をどう伝えるのかが問題である。日本では豊かな森林をもつ地域が多く、都市部でも公園緑地などが身近な森林となっている。したがって、○○山の森林、○○公園の森林などと、地域の森林を例示することは難しいことではない。しかし、地域の森林にふれる機会が少ない子どもたちにとって、地域の森林を具体的にイメージすることは難しい。まして、地域の森林の現状や課題といった問題になると、とらえようがないのが実状と思われる。番組づくりの取材活動を通じて、地域の森林の現状や課題にふれていくともいえるが、地域の森林を対象とする学習活動を経て、この活動に取り組むことが望ましい。見栄えのよい番組を作り上げることよりも、地域の森林を子どもたちなりにとらえ、その存在意義や、将来像などを考えて発信することが重要である。

番組づくりは、以下のプロセスによって進められる。① まず、どのような番組をつくるかを考えて企画書をつくる。番組の企画というと、ニュース、クイズ、ドラマなど番組の形式を考えがちである。しかし、考えなければならないのは、地域の森林の何を誰に伝えたいのかという問題である。その上で、伝えたい相手や内容に適した番組の形式を考える。② 次に、地域の森林へ取材に出かけたり、地域の森林に詳しい方や森林の材料でもの作りをしている方へのインタビューをする。地域の森林や関係者の存在がどの程度認識されているか、つながりがあるかが問題となる。ここに、地域の森林を対象とする何らかの学習活動を経ることの意味がある。③ 続いて、取材した内容をもとに、番組の原稿やフリップ、模型などを作る。この段階では、伝えたい内容をTV視聴者にわかりやすい形にしていくことが重要である。④ 最後に、クラスや学年で番組の発表会をする（**写真8-21**）。発表の見栄えよりも、メッセージや思いが込められていたかを評価したい。

8.4.3　【事例3】草木染め　［小学1･2年／生活］

近くの森林へ行って材料を採り、その材料を使って布などを染色する。草木染めには防虫や殺菌の効果があり、糸や生地を強くする効果もあることから、古くから日常の衣類などに行われてきた。草木染めは、美しい色や模様を得ることができる創造的な技術であるが、元々は防虫、殺菌、繊維の耐久性向上といった、実用的な技術として、各地で広く用いられていたこともおさえておきたい。博物館や郷土館で地域に伝わる○○染め、○○織について知ることもできるだろう。

草木染めは使用する材料によって、染まり具合や色が違う。美しい色の花からは、美しい染色ができると思いがちであるが、木の枝や皮から想像できない色が得られることもある。例えば、サクラの花は美しい桜色をしているが、サクラの花を使って草木染めをしても桜色には染まらない。ところが、サクラの枝を使えば美しい桜色に染めることができる。

染める繊維は、絹などの動物繊維が適しており、木綿などの植物繊維の場合には下地つけと呼ばれる下準備が必要である。染色は、材料を煮出した染め液を使って行うが、その際に色を定着させる媒染に何を使うかも、染まり具合や色を左右する。染色する前に、染める生地を輪ゴムやヒモでなどでしばることで、絞り模様を入れることができる（**写真8-22・23**）。子どもたちが草木染めを行う場合、各自の創意工夫を活かすことができるのは、この工程のみである。染色した作品は、最後に水洗い乾燥して完成する（**写真8-24･25**）。

材料の組み合わせや、模様の付け方などを創意工夫することで、自然との対

写真8-22　絞り入れ

写真8-23　染色

写真8-24　水洗い

写真8-25　クリの枝で染めた作品

話を楽しむことができる興味深い取り組みである。一方で、地域の伝統工芸の職人から草木染めの技術を指導いただくと、地域文化を学ぶよい機会にもなる。出来上がった作品を紹介する発表会やファッションショーへ展開することもできる。

コラム　離島での生活と森林体験

高校の教員として最初に赴任した高校は、伊豆諸島の三宅島にあった。東京から南に約180km、夜行船で6時間かかるこの島へ移住することになった。三宅島は、丸い島を一周する道路の距離が約30km、島の中央に標高800mほどの雄山を頂いている(2000年噴火により、山頂の標高は775mまで低くなった)。島は、富士山の山頂付近が海の上から顔をのぞかせているようになっており、海沿いの平地には5か所の集落ができている。東の集落では、毎日、海から朝日が昇り、西の集落では、夕日が海に沈む。日々、地球の丸さと太陽の動きを肌で感じることができる。

三宅島からは、隣の御蔵島(イルカウォッチングと巨樹で有名)や、神津島など伊豆諸島は見えるが、本州は見えない。これほど距離があれば諦めもつくので、流刑地には適していたのかもしれない。ただし、三宅島の流人は、生島新五郎など政治犯が多く、井戸の技術などさまざまな恩恵を島にもたらしている。

三宅島は、富士箱根伊豆国立公園に含まれており、遠くから見ると緑が多く、人工物がほとんど見えない。島の一周道路を走っていても、緑に覆われて、民家もあまり見えない。天然記念物のアカコッコ(おなかの赤いスズメほどの大きさの鳥)は、道路の脇など島のあちこちで見ることができる。森林の中に人が住まわせてもらっているのだという感覚だった。実際は、強い海風を防ぐために民家も畑も垣根で囲っているので、一層緑が濃く感じたのだった。

わずか2年半の島暮らしのなかで、都会から離れた距離、自然の豊かさ、さらに2000年三宅島噴火と群発地震を受けたことから、三宅島での暮らしは、人間が圧倒的な自然の力には到底かなわないことを実感させられた。島生まれの高校生たちは、自然と暮らせるたくましさを身につけていた。高校恒例のマラソン大会は島一周であった。軟弱な都会者は、到底太刀打ちできない。環境は人を育てる。三宅島は、帰島10周年を越え、全島避難を乗り越え、豊かな島の緑と暮らしが復興してきている。

雲仙、有珠山、新潟、東北……被災地は災害の跡を残しながら、また、新しい歴史を刻んでいる。　［井上］

三宅島からの船の出港

第9章　学校教育での事例

8章では森林教育の内容に沿った活動事例を紹介し、幅広い森林教育の内容を、具体的な活動内容を通して提示した。一方で、教育現場における実践者にとっては、森林教育の活動をどのような形で現場に取り込めるかが問題であろう。学校教育においては、各教科で取り扱う内容とその進め方について、学習指導要領などにおいて枠組みが作られているが、そこからは森林教育の具体的な活動のイメージを読み取ることはできない。そこで、本章では、幼稚園、小学校、中学校、高等学校における活動事例を提示して、学校教育の各段階における森林教育への取り組みの姿を示すことにする。第7章7.1に示した年齢層に応じた森林教育の活動テーマと重ね合わせてみていただきたい。あわせて、視覚障害の特別支援学校中学部の活動事例を通じて、一般に困難なイメージをもたれがちな森林での活動が、障害をもつ子どもたちにとっても十分可能であることを示す。

9.1　幼稚園

幼少期には［ふれあい］の活動が適している。1950年代にデンマークで始まった森の幼稚園は、1年中のほとんどの時間を森で過ごす幼稚園であり、近年はドイツを中心に広がっている。日本でも、積極的に自然体験活動を行う幼稚園、保育園が増えているが、ヨーロッパとは自然環境も社会状況も異なっており、1年中森で過ごすことは難しい。園庭や近隣の公園緑地などを活用した日常的な活動と、遠足などで遠方に出かけた森林での活動を、それぞれ活かす工夫が求められる。園庭や公園緑地では、日々の生活のなかで繰り返し自然にふれることができる。そこでは、春夏秋冬の季節変化などを実感することができる。また、いつも出会う木などと友だちになることもできる。一方、遠方の活動では、非日常的な環境によって感覚がとぎすまされ、普段は体験できない不整地や斜面の歩行、さまざまな活動内容に挑戦することができる。

ここでは、都市部にある幼稚園の年長組が園外保育で森林を訪れた事例をみてみよう。

＊　＊　＊

10：30　森林に到着

10：50　山の神で安全祈願

森林の中にある山の神を訪れて、先生から、「ここは、山で仕事をする人たちが事故のないようにと神様にお願いをするところです。みなさんも森での活動を始める前に、ご挨拶をしましょう。」と呼びかけると、子どもたちは、真剣に活動の安全を祈る(**写真9-1**)。

写真9-1　山の神での挨拶

11：00　ビンゴゲームの説明

山の神での挨拶を済ませ、次はビンゴゲームである。子どもたちに配られたしおりには、ビンゴの枠とフィールドのイラストマップが載せてある。先生から、「しおりのビンゴには9つのハコの中に8つの問題があります。①

手のひらの形のはっぱ、②長いマツボックリ、③2番とかいてある看板、④鳥居、⑤森のなかで1番大きい木、⑥ちくちくするもの、⑦春はどこにきているかな、⑧木のニオイはどんなニオイ、残りの1つにはあなたが森で好きなもの、発見したものを書きましょう。」とビンゴゲームのやり方が説明される。

写真 9-2　ビンゴゲームに出発

写真 9-3　発見したものを書き込む

11:05　ビンゴゲームスタート

ビンゴゲームの開始とともに、子どもたちのグループが、「あっちへいこう」、「いやこっちだ」と言いながら、森林の中へ散っていく(**写真 9-2**)。先生は、子どもたちが森林の奥で迷子にならないように、要所で見張り番をしたり、難しい問題にヒントを出したりする。子どもの発見に、一緒に驚くことも大切である(**写真 9-3**)。

11:45　ビンゴゲーム終了

ビンゴゲームの終了を知らせる笛が鳴り、子どもたちは山の神の前に戻る。先生が「ビンゴの問題は、いくつ見つけることができましたか。」と尋ねると、子どもたちは「ぜーんぶ！」と自信満々である。「では、ひとつずつ確かめてみましょう。見つけた人は、それがどこにあったか、どんな様子だったか教えてください。」と、9つの問題をひとつずつ子どもたちでやり取りしながら確認していく。ビンゴの問題には、フィールドにあるさまざまな自然物を視覚だけでなく、触覚や嗅覚も使う工夫がされているので、子どもたちからは感じたことがそれぞれの言葉で語られてつきることがない。

12:00　終わりの挨拶

ビンゴゲームのふりかえりを終え、山の神に挨拶をして幼稚園への帰路につく。

＊　＊　＊

この事例は、都市部にあって園庭では限られた自然にしかふれることができない幼稚園が、森林を訪れて行う活動である。日常的に繰り返し活動している場所ではないために、子どもたちは必ずしも自分から積極的に森林に飛び込んでいけるわけではない。それでも、山の神に挨拶をし心の整理をしてから、ビンゴゲームという動機づけによって背中を押されて森林を歩き始めた。ビンゴの問題が、子どもたちを引きつけて森林への興味をひいていったのは、先生が下見の際に、ビンゴの問題になる素材を探しておいたからに他ならない。日常的に豊かな自然とふれあえる環境であれば、指導者が意図的に誘導することなく、子どもたちの感性のままに森と向き合うことも可能と思われる。しかし、現実には豊かな自然にふれる機会が限られている園が少なくないだろう。限られた機会を、活かす努力と工夫が欠かせない。

9.2 小学校

小学校では低学年から中・高学年に向けて、森林教育の活動内容も［ふれあい］から［自然環境］や［森林資源］へ展開することができるようになる。森林教育の活動につながる教科は幅広いが、とりわけ1・2年の生活科と3年以降の総合的な学習の時間では、森林に関わる活動への取り組み例が多いと思われる。また、林間学校などの集団宿泊行事は、登山や林業体験への取り組みの機会になっていると思われる。

都市部にある小学校の5年生が、総合的な学習の時間で1年間かけて森林での活動を展開した「SATOYAMA プロジェクト」の事例をみてみよう。

＊　＊　＊

第1回(4月)森へようこそ

初めて訪れる森林に慣れるための活動である。森林に不慣れな子どもたちは、虫が飛んできたり、泥で靴や服が汚れたりすることに抵抗感がある。これから繰り返し森林を訪れ、森林のさまざまな面にふれていくために、まず森林の活動へ

写真 9-4　6年生の案内でフィールドをみて回る

の抵抗感を払拭することが重要である。あわせて、第2回目以降の活動テーマである森林の生き物への興味、関心も喚起したい。そこで、第1回目の活動では、前の年に1年間かけてこの森林で学んできた先輩である6年生にガイドしてもらうことにする。5、6年生の縦割り班での活動は、どこへ案内し、何を説明するか、すべて6年生にまかせられる。6年生は、5年生がこれから取り組む活動に興味をもつようにしながらも、教え過ぎて興味を失うとことがないようにと、案内ぶりを工夫している。森林の活動が不安だった5年生も、6年生の案内につられて森林の奥へ進み、さまざまなものに触れることができる(**写真9-4**)。

第2～5回(6～10月)森を知るPart1～4

「SATOYAMAプロジェクト」の前半は、森林を知るための生き物調査の活動である。森林にさまざまな生き物がいること気付き、興味を喚起するPart1から始まり、Part2～4では各自の興味対象の生き物を追求していく活動である。森林の生き物は多種多様であるため、数テーマに分かれて活動する。数テーマに分かれるといっても、子どもの興味対象はそれぞれのテーマのなかにさまざまあるので、人数分のテーマがあるといってもよい。子どもたちの取り組みを支えるためには、幅広いテーマに対応できる指導体制が必要である(**写真9-5**)。

写真9-5　木の高さを測る

第6～7回(12～1月)炭焼き

「SATOYAMAプロジェクト」の後半は、森林と人のつながりを知るための炭焼きの活動である。12月には炭焼きに使用する炭材を得るために、タケの伐採を行う。伐採したタケは、炭材として使えるように、炭焼き窯にあわせたサイズ

写真9-6　グループでタケを伐採する

に加工(切り、割り)、集積し、乾燥させる(**写真 9-6**)。

炭焼きは、地面に穴を掘って窯を作る伏せ焼きで行う、2日間の活動である。1日目は窯づくりの穴掘りから始まり、炭材を入れて窯に火を入れるまで(**写真 9-7**)。2日目朝には焼き上がった炭を取り出し、穴を埋め戻して終了する。

写真 9-7 炭材に火がまわって煙が出てくる

＊　＊　＊

この事例は、導入の活動から始まり、前半の森林を知るための生き物調査の活動、後半の森林と人のつながりを知るための炭焼きの活動の大きく3段階で構成されている。それぞれの内容から、[ふれあい]—[自然環境]—[森林資源]の活動が展開されていることがわかる。

なお、第8章8.1事例3の「わたしたちのくらしと森林」は、ここで紹介した「SATOYAMA プロジェクト」をやり終えた5年生が、学年最後の社会科の単元で、森林・林業の問題へ取り組んだ事例である。与えられた情報を受けとめ、自分自身の問題として意見を述べる姿には、森林での実体験に裏付けされた確かさが感じられる。

9.3 中学校

教科担任制となる中学校や高等学校では、森林教育に限らず環境教育でも、教育実践が少ないことが指摘されている。

ここでは、市内の全中学生が、「ふるさと教育の森」で森林体験活動を行っている事例の様子をみてみよう。

＊　＊　＊

5月○日

9:20　スクールバス等で学校を出発

10:00　植林地に到着　移動および開会式

10:30　植林体験(**写真 9-8**)

写真9-8　植林の風景

1班3～4人で8本のブナ(またはスギ)を植栽する。

森林管理署職員の方に、森林の話を聞いた後、植林の方法について教えてもらう。地面を掘り、苗木を入れて、土をかけてしっかり踏み固める実演を見た後、それぞれ唐鍬(とうぐわ)を持ち、植えつけ場所に移動して、植えつけを実施。苗木を植える場所には、ポールで目印が付けてある。隣接地は、以前先輩が植えた植林地になっている。指導は、森林管理署職員の他、山形県総合支庁森林整備課、森林組合、市の林業クラブ、林業士などの専門家が協力している。

12:00　昼食

植林体験を行っている最中に、地域のお母さんたちが、春の山菜を使った天ぷら、具だくさんの味噌汁を用意してくれており、参加者一同、森林の恵みをお腹いっぱい頂く。

13:00　森林教室(45分×2回)

午後は、隣接している広場に集まり、森林や環境に関わる8つの講座のなかから2つを選んで、体験学習を行う。活動の内容は、森の探検隊、山野草を探そう、野鳥観察など、山での散策を十分楽しむものから、山からの資源を活用した炭焼き体験、クラフト、間伐体験、森の名探偵&プチアート、環境について学ぶ(紙芝居やクイズ、実験を使った環境学習)で、多くの団体の協力のもとに実施している。

14:30　森林の話

体験を通じて森林や環境について学んだ後は、広場に集合して、なぜ植林をしなければならないのか、ふるさとにとって森林はどのような存在なのか、森林と自分たちとの関わりについて、講義を聞く。

15:00　現地解散

＊　＊　＊

この事例は、市教育委員会が主催しており、林業体験である［森林資源］の活動であるとともに、森林での植林体験を通じて、中学生が地域の大人たちとの交流のなかで、中学生たちの心にもふるさとの森林を植えている。地域に愛着と誇りを持つ郷土学習としての意味をもつ［地域文化］の取り組み事例といえる（**写真9-9**）。山形県村山市で1982（昭和57）年から行われている「ふるさと教育の森」活動で、東北森林管理局山形森林管理署（分収林制度の活用）等の協力により行われている。

写真9-9　ふるさとの風景

9.4　特別支援教育

特別支援教育での森林教育の活動も、普通教育における森林教育の活動と目的が異なるわけではない。森林教育の活動を行う際に、障害に伴う困難を克服あるいは改善するために、必要な支援を行うことがポイントである。なお、特別支援教育の対象となる障害には、視覚障害、聴覚障害、知的障害、肢体不自由などさまざまであり、活動に際して必要な支援の内容も異なる。特別支援教育における森林教育の活動には、それぞれの障害に応じた工夫が必要である。

ここでは、視覚障害の特別支援学校中学部が、遠足で森林を訪れた事例をみてみよう。

＊　＊　＊

10：30　森林に到着

10：40　森の宝物探し（**写真9-10**）

3人ずつの班に分かれて、先生から「① あらかじめ用意された、森林にある5種類のものを、班の代表が観察する。② 班代表は5種類のものの特徴を班員に伝える。③ 班で森林を歩いて5種類のものを探し当てる。」と宝探しのやり方が説明される。班の代表

写真9-10　地面に落ちている木の実を見つけだす

は5種類のものの特徴を班員に伝える言葉を探すのに四苦八苦するが、なんとか伝えて森林へ出かける。班員たちは、しゃがんで手で探ったり、白杖（はくじょう）で地面を探ったりして、次第にコツをつかんで、宝物をみつけていく。全員での答え合わせでは、うまくみつけられた班から歓声があがる。班代表が手で感じ取った感触を言葉に置き換え、班のメンバーは言葉と自分の手の感触を照合して探し当てていく。その確かさには、見ていて感心させられる。

11：20　樹木観察（**写真9-11**）

樹木の観察は、①立木の観察、②教材の観察の2つの部分で構成されている。まず、森林の中のヒノキとケヤキの立木を観察する。いずれも一抱えほどの大きな木である。手が届く範囲は根元から子どもの背丈程度までの間に限られるが、指先や手のひらを使って丁寧に観察していく。太さを知るために抱きつく子どももいる。続いて近くの部屋に移り、地下部も含めた木の全体模型（1/100）、枝先のさく葉（よう）、幹の輪切り、種子の教材を観察する。イスに座ってゆっくり観察していくと、各部分にヒノキとケヤキの違いがあることに気付くことができる。ケヤキの葉に細かい毛が生えていることを発見する者もいる。

写真9-11　標本でヒノキの枝先を観察する

12：00　昼食・散策

木の下のベンチで弁当をひろげる。食べ終わった班から森林の散策へ出かけていく。白杖で地面に落ちているものを探り当てては拾って観察したり、立木を見つけて触ってみたり、森林との対話を楽しんでいる。

13：40　ふりかえり

最後に、1日の活動をふりかえった感想を述べあって帰路につく。

＊　＊　＊

この事例は、視覚障害の特別支援学校中学部が、遠足の機会を使って実際の森林や樹木に触れて学習したものであり、樹木の全体像がイメージできるように、各部分の教材を準備するなど、工夫が凝らされている。また、ゆったりとした時間を用意して、子どもたちを急がせる場面はみられない。これらは、じっくりと触れることによって全体のイメージを獲得する、視覚障害者の特性に配慮したものである。障害を補うための工夫は、障害の種類や程度によっても異なってくるので、視覚障害以外の特別支援教育で森林や樹木に触れて学習する場合には、それぞれの障害に応じた工夫が必要である。

コラム　視覚障害者と森林の出会い

森林の中の道には枯れ枝など歩行のじゃまになるものがたくさんある。道の上に伸びた枝先や、路肩から落ち込む斜面など、大小の危険も少なくない。視覚障害者がそのような場所を歩くのは、勇気がいる。また、大きな木が林立している森林や、山並みの眺望は、視覚障害者には把握が難しい。しかし、視覚障害者が森林と疎遠でよい理由はない。

視覚障害者と一緒に森林を歩くと、視覚障害者が実は豊かな体験をしていることがわかる。人間が外から得る情報の8～9割は視覚によるものであるといわれ、視覚障害者が得られる情報量は圧倒的に少ない。しかし、視覚障害者と一緒に歩くと聴覚、嗅覚、触覚を駆使して多くの情報を感じ取っていることに感心させられる。視覚障害者に香りがすると言われて、花をつけた木があることに気付かされることがある。また、木の葉の特徴などを、微細な形や肌触りを手がかりに識別する能力にも感心させられる。

視覚障害者が聴覚、嗅覚、触覚を駆使してとらえる森林の姿は、晴眼者が見逃しがちなものばかりである。また、晴眼者も視覚障害者に森林の何かを伝えようとすることで、感覚がとぎすまされる。視覚障害者とともに歩く森林は、とても豊かで楽しいものである。　［大石］

木の枝を触察する

9.5　普通高校

普通高校でも、森林教育の実践事例は多くないが、地域を学ぶ活動として環境学習の一貫として森林体験を取り入れている。

ここでは、森林とふれあう機会や、森林について学ぶチャンスが少ない普通科等の高校を対象に、森林管理について学ぶプログラム「フォレスターに挑戦！」の事例をみてみよう。

＊　＊　＊

●1日目、森林の講義と森林踏査

講義：森林と森林管理について知る

森林の基礎として、学校の授業ではほとんど習わない木、森林について、針葉樹、広葉樹、落葉樹、常緑樹、木の成長(光合成、年輪)、木の増殖、木と生き物などを、理科での学習をふまえながら解説する。その後、森林とは何か(生態系や森林の機能)、フォレスターが担う森林管理の仕事を含めて紹介し、全体を通した課題として「フォレスターとは何か」を考える。

実習1：森林の広さを知る――森林踏査(とうさ)

実習準備として、森林内の散策(ハイキング)をしながら、樹木や森林を観察する。散策中に、GPS端末を持って歩き、歩いた位置の軌跡を記録する。散策のもう一つの目的として、山道をどのくらい歩けるかの体力の確認も行う。

森林の位置は、室内に戻って、GPSロガー付属のソフトをインストールしたパソコンにつないで確認。片道1kmほどの移動でも、地図上で軌跡を見ることができる。また、空中写真(引き伸ばしカラー)を用いて森林を立体視することで、現地の様子を再確認できる。実習場所が、大きな木のそばだったこともあり、これを目印に、森林の様子を空からの画像でとらえる。

●2日目　森林調査とデータ解析

実習2：森林を測る――林分調査(林分材積、3次元表示、将来予測)

森林の様子について、スギ人工林内に一定の面積を区切り、区域内の木の直径、樹の高さ、樹木の位置などを測定して調べる。木の測定を行うには、専門的な道具を用いるため、まず、林道上の平地で、道具を配布して、木の測定方法を説明し、測り方を練習する。木の直径は、地上1.2mまたは1.3mで統一するように決められている。直径は、輪尺(りんじゃく)または直径用の巻尺(周囲長を示した目盛の裏面に、周囲長に相当する直径の目盛が印刷されているもので、木の幹回りの太さを測ることで、直径を知ることができる)を用いる。木の高さは、三角比や三角関数を用いて測定する樹高測定器を使用する(例えば、2辺の長さが等しい45度の直角三角形を用いると、45度の角度で木の頂上を見上げれば、木までの距離と木の高さが等しくなる)(**写真9-12**)(8.1.1参照)。

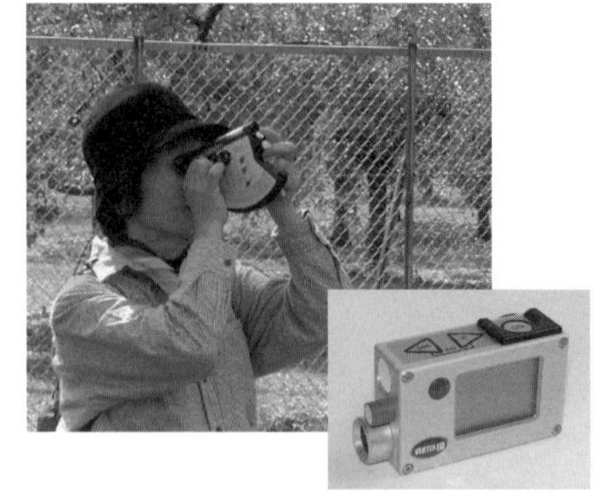

写真9-12 木の高さの測り方

調査結果は、室内に帰り、木の直径と木の高さから、木の大きさ(材積)を求めることができる材積表をもとに調べ、森林の材積の合計を計算した。あわせて、その森林が固定している炭素量*について、材積から推定した。併せて、日本人の年平均木材消費量、炭素放出量**との比較や、調査した森林の様子を3次元(3D)表示***したり、システム収穫表を活用して、100年後の森林の将来予測する(**図9-1**)。

●3日目 森林の管理とまとめ

実習3:森林を管理する——計画立案と間伐体験、まとめ

森林の広さと測り方の実習をした後で、森林管理の台帳である森林簿を見ながら、これからの森林管理の提案を考え、間伐を行う(**写真9-13**)。まとめと

* CO_2量(kg)の推定の方法:材積に、針葉樹比重(0.37)、木全体の重量換算(幹の量から全量換算値1.6)、木の乾燥重量の炭素量換算(0.5)、二酸化炭素換算値(3,670)を掛けて求める。

** 日本人の木材消費量(約0.55 m^3/人・年)、日本人のCO_2使用量(約9,470kg/人・年)。

*** 森林の3次元表示:使用ソフト、「Forest Window ver.2」(開発:山形大学野堀研究室)。森林の将来予測:使用ソフトは、「収穫表作成システムLYCS ver3.2」(開発:森林総合研究所)。

図9-1　森林調査結果（イメージ）

写真9-13
間伐体験

して、森林の管理やフォレスターについてグループでディスカッションを行い、全体会で発表を行う。

＊　＊　＊

この事例は、サマーサイエンス・キャンプ（日本科学技術振興機構主催）で実施した。参加者は、高校生20名で、［森林資源］を中心に、［自然環境］、［ふれあい］の要素も含んでいる。3日間の実習はつながっているが、それぞれ実習を分けて取り組むこともできる内容となっている（井上・大石2013）。

9.6　専門高校

［森林資源］について、実習を通じて学んでいる専門高校を紹介する。専門高校では、授業数の約1/3で専門科目を学ぶ(卒業までの修得単位数74単位の内、専門科目は25単位以上)。森林・林業関連学科では、木を植えて育てる人工林の施業と、伐採と運搬、加工など木材利用に関する一連の内容と、林道設計、森林計画、森林政策、森林生態系、山地保全など、森林管理に関わる専門分野全般を、科目「森林科学」、「森林経営」、「林産物利用」で学び、農業の基礎科目として「農業と環境」、「測量」(平板測量、トラバース測量、水準測量、写真測量など)、「農業情報処理」、さまざまな実習に取り組む「総合実習」、資格取得や作品制作、調査研究などに取り組む「課題研究」の授業がある(学習指導要領、平成21年版)。その他、夏休み等の長期休暇期間中の集中授業(時間外実習)など、実習を中心とした教育が行われている。ここでは、学校から離れた演習林での3泊(または4泊)の宿泊実習の1年間の様子をみてみよう。

＊　＊　＊

4月／2年生　測量・演習林管理

新年度最初は、演習林にも慣れた2年生が、歩道整備を含めて最初の実習を行う。春には、椎茸原木の駒うちの実習もある。1年生の授業「測量」で学んだコンパス測量の技術を使って、1、2日目には、演習林の境界をコンパスで測量する(**写真9-14**)。山では傾斜が急なので、くいの位置にあうようにコンパスの三脚を立てることも一苦労する。3日目から5日目までは、今年の演習林実習が行えるように、林道の整備と下刈りを行い、宿舎の清掃をして帰校する。

写真9-14　測量実習

4月／1年生　演習林を知ろう

入学間もない4月、3泊4日での演習林実習がスタート。演習林は、面積125 haで、標高500～1,000 mに位置している。宿舎や林道は、2年生が整備してくれている。まずは、学校に集合し、電車に乗って最寄りの駅まで移動。宿舎までのルートを知るため、駅から約10kmの山道を徒歩で移動する。宿舎の整備、食事なども主体的に実施し、水の確保も重要な仕事である。これら山の生活の心得を学び1日目が終了する。2日目は、地域の歴史を学ぶため、参勤交代の道を歩き、3日目は演習林の境界を踏査しながら、植物採取の実習を行う。4日目には、木材を搬出する道に沿って移動し、原木市場を見学して、帰校。

写真9-15　架線集材実習

夏休み／3年生：林業工学の実習(架線) 2年生：間伐・造材・運材実習　1年生：間伐・造材・運材実習

夏休みは、集中して実習が行える期間で、2、3年生、1、3年生が合同で実習を行う。3年生が架線をはり、集材が出来るように整備する(**写真9-15・16**)。2年生は、スギ・ヒノキの伐採実習を行う(**写真9-17**)。4日目以降に架線の設置が終了すると、伐採した材の運び出しを行う。材の一部は、学校に持ち帰り、木材加工の実習の材料として使用することに加えて、学校の敷地内に建設中のログハウスに活用する。1年生は、3年生を見習いながら、歩道整備や伐採の練習を行う。

写真9-16　架線集材

写真9-17　間伐(チェーンソー)実習

9月／1年生　樹木標本

1年生は、「森林科学」の授業で学ぶ植物採取を行い、約50種類の樹木の標本作りを行う。樹木の学習は、農業クラブ*の農業鑑定競技(林業)の練習にも

* 全国の農業高校の全国組織で、1948(昭和23)年に、高等学校の学習活動のなかでの農業高校生の自主的・自発的な組織として誕生し、日頃の学習の成果を発表するプロジェクト発表、農業鑑定競技、平板測量競技などの大会を開催している。

なる。

10月／2年生 森林経営(毎木調査、樹幹解析)

広い演習林の森林資源の状況を知るために、森林内にプロットを設けて(測量)、プロット内にある樹木の直径と樹高の測定を行う。宿舎に戻ってから、材積表を用いて木の材積を調べ、森林の資源量の見積もりを行う。数本は伐採し、年輪を数え、木の生長を調べる(樹幹解析)。

10月／3年生 林業工学(林道設計、架線撤収)

演習林実習の総まとめとして、測量の技術を使い、演習林内で林道を設計し、宿舎に帰って製図を行う。また、最後の伐採・運材を行い、集材機の実習を行い、架線を撤収し、宿舎を片付けて、1年間の実習を終える。

＊　＊　＊

この事例は、高知県立高知農業高等学校森林総合科で行われているものである。専門高校では、ログハウスを製作、販売している学校や、演習林で生産している木材を市場で販売している学校など、[森林資源]の専門性が高い内容を実施している所がある。

専門高校では、他にも[ふれあい]の要素を重視して、キャンプスキルやマウンテンバイクに取り組んでいる学校、ツリークライミングを行っている学校などもある。

コラム　ある子どもの森林体験

森林を訪れた保育園児と、秋の１日を過ごした。子どもたちは落ち葉やドングリなどを集めるのに夢中であった。そんな子どもたちの間を行き来するうちに、１人の子どもが地面に座り込んでいることに気付いた。手にした落ち葉を日の光で透かしてみたり、熱心に地面を見つめていたりするが、しばらくして通りかかると、先ほどと同じ様子でいる。

先生に尋ねると、普段園にいるときは、部屋でも園庭でも１つの場所にじっとして、座布団１枚ほどの範囲から動かない子どもなのだという。その子どもが、自分から手を動かし、森林の中で移動していることに先生は驚いていた。

私は、子どもが動かないことが気になったのであるが、普段の様子と比べれば、とても活発に動いている姿だったのである。

改めて森林の中の様子を眺めてみると、子どもたちは実にさまざまなことをしている。細い木を揺らして色づいた葉が舞い落ちるのを楽しむ子ども、手にいっぱいの木の実がこぼれ落ちてもまだ拾い続ける子ども、急な斜面を飽きもせずに登っては飛び降りる子ども。これは、森林を構成しているさまざまな要素が、子どもたち一人一人の欲求を受け止めて相手をしている姿なのだと気付かされたのである。改めて先ほどの子どもを見れば、落ち葉が、子どもの目、手のひら、指先に何かを伝えていることがわかる。子どももまた落ち葉を高く上げてみたり、振ってみたりして、落ち葉に働きかけている。子どもと森林が会話をしているのである。

わずかな事例から断定できないが、森林の柔軟さや寛容さが子どもの個性を受け止め、子どもの中にある芽を覚醒するのではないかと思う。　［大石］

森林と向きあう

第Ⅱ部 実践・活動編まとめ

第Ⅱ部の実践・活動編では、第Ⅰ部で扱った森林教育の全体像をとらえた理論的内容を基礎として成り立つ実践事例と、実践現場のノウハウを具体的に示した。

第6章「さまざまな主体による実践」では、森林教育の活動を実践する主体として、学校教育、社会教育、森林・林業、民間の幅広い事例をとりあげた。それぞれの主体は、活動に取り組む立場や目標、対象が異なり、所管する行政分野も異なっている。自分が所属する組織の特徴を改めて認識することは、活動のあり方を再考するきっかけになるだろう。また、近隣で活動している主体が連携することで、それぞれの特色を生かしながら、活動の幅を広げられる可能性もある。

第7章「実践ノウハウ」では、まず森林教育活動の現場を構成する要素である、森林、学習者、ソフト、指導者について整理し、その上で、森林教育活動の具体的な実践ノウハウについて、計画段階と実施段階、活動後の評価と改善、さらには地域と活動の関係に分けて、それぞれのポイントを整理した。計画段階では、プログラムデザイン、実施計画立案が順次進められて、実施段階に至る。これらの過程では、プロデューサー、ディレクター、インストラクター・リーダーが、役割分担しながら連携していくことが肝要である。さらに、実施段階は、事前準備と実施段階に分けられ、実施段階においては、役割分担と進行管理が活動を円滑に進めるためのポイントである。また、実施段階に欠かせない問題として、学習者と自然の危険回避がある。これらは、活動の目的とは異なる問題であるが、活動主体の責任として十分に認識して対処しなければならない。危険回避の失敗は、活動の存続に直結する問題でもある。森林教育活動を実践で終わらせずにさらに継続、改善していくためには、活動に対する評価と改善が重要である。また、森林教育活動の実践現場では、当初から森林、学習者、ソフト、指導者の全てがそろっていることは多くないので、実践現場をつくるために、地域を視野に入れて考えることについても整理した。第2章で、森林・林業関係者にとってなじみの薄い“教育”について、第3章では、教育関係者にとってなじみの薄い“森林”について整理し、第6章でさまざまな主体による実践についてふれたように、本書は森林教育活動の実践現場で、地域のさまざまな人々が連携することを想定している。

さらに、第8章「活動事例～森林教育内容の要素別～」では、森林教育の4つの内容に沿って、森林資源の活動を3事例(8.1)、自然環境の活動を3事例(8.2)、ふれあいの活動を4事例(8.3)、地域文化の活動を3事例(8.4)挙げた。森林資源、自然環境、ふれあい、地域文化の活動はいずれも多様であり、ここに挙げた事例はごく一部である。また、活動の実践においては、1つの内容にしぼった構成で活動プログラムを組むことも、複数の内容を組み合わせた構成で活動プログラムを組むことも可能である。森林教育の活動は、内容の組み方によって広げることも、深めることもできるところが魅力である。

最後の第9章「学校教育での活動事例」では、幼稚園から小学校、中学校、高等学校までの学校教育において、実際にどのような活動が可能であるのかを示した。幼稚園から高等学校に至る学校教育の各段階において幅広く森林教育活動の実践が可能であることがわかる。

（大石康彦）

おわりに

本書は、「何が森林教育なのか」を模索したこれまでの研究成果をまとめたものである。科学技術が高度化した今日、未知の世界の構築に携われることは、どのくらいあるだろうか。19世紀にさかのぼると、「社会学」の創始者のオーギュスト・コントやエミール・デュルケーム、マックス・ウェーバーらは、産業革命によって成立しつつあった近代市民社会に危機感を感じつつ、自然科学に見習った社会科学の方法の確立を目指して取り組んだ。また日本では、19世紀後半、明治維新を迎え新しい技術者教育を進めるために、ドイツ林学を学んだ松野礀（はざま）氏らが、まだ形のない「林業教育」の構築に尽力した。100年を迎えた明治神宮の森は、本多静六氏や本郷高徳氏らが植物学や生態学の知見をもとに森林の遷移を予測して常緑広葉樹を中心に植えて作ったもので、今日に引き継がれている。今日の学問は、時代をさかのぼれば、先人たちが形づくり、築いてきたものの上にある。21世紀初頭の今日、筆者らは先人たちと同じように、社会で求められるようになってきた未知の領域である「森林教育学」の構築に一歩を踏み出そうとした。「森林教育学」の構築を目指した道のりには、真っ白な新雪を踏む時ような新鮮さや神聖さとともに、恐怖も感じている。新しい学問の構築は、「新しいものの発見」を至上とする研究の世界で最も研究者らしい仕事かもしれないと思うと、恐怖に臆することなく本書を世に出そうと思う。不十分な部分については、責を負わなければならない。

学問の背景は、大学の農学部における「林学」である。「環境教育学」や「森林教育」を学んでいる訳ではない。「森林教育学」を指向した研究の始まりは、実践現場での経験に基づいている。編者2人の共通点は、ともに他の職を経験してから研究者に転職していることである（林野庁森林官、専門高校教諭（農業科、林業科））。双方の仕事が林野行政と教育行政であったことは、森林教育がまたがる学問領域を理解する上で大いに役立っている。森林教育研究をともに進めながらディスカッションを行っていて、職場や職業に根ざした考え方や文化の違いに大いに驚いた。例えば、学校の教員が行う土日の部活指導がほぼ無償に近い状況で行われていることは、ほとんど知られていないことだろう(日本の特殊性)。職業に根ざした考え方は、感覚的に心身に染み込んでいることも多く、経験していない分野のことは知らない事が多い。また聞いても十分に理解できるとは言い難い。逆に言えば、現場経験をふまえた問題意識は、実は強く根深い。この問題意識こそ、未知の「森林教育学」を模索するエネルギー源となった。研究者としてだけでなく、実践者としての問題意識である。

「森林教育」とは何なのか。暗中模索するなかでぼんやりとながら掴めた日のことは、今も鮮明に覚えている(第1章コラム参照)。2005年秋、編者らが最初に研究の打合せをしていた時である。書き散らかしたメモが机上に広がっていたところを、「これは大事だ」といって写真に収めたことが、最初のきっかけとなった。その成果は、「森林教育」の内包する4要素として整理し(井上・大石 2010)、その様は**図 4-2** に示したように結実した。「森林教育」が内包する要素の広がりは、アンケート調査のデータを統計処理した結果からも裏付けることができた(**図 4-3**)。この研究成果では、日本野外教育学会論文賞(2014年)を頂いている。こうして「森林教育」についての研究成果を一つ一つ積み重ねてきたのであるが、深めれば深めるほど感じるのは、「無知の知」(ソクラテスの言葉)で、未だわからないことが多いと自覚せざるを得ない。

構築途上の「森林教育学」であるが、幸いにして、森林インストラクターや林業普及員などの森林関係者、学校や社会教育施設などからの相談や講演依頼が多く寄せられており、実践者からの社会的なニーズの高さを感じている。その反面、学問として研究はあまり認知されておらず、自然科学が主体となっている森林科学の分野では、森林教育に関するこれまでの研究蓄積が少なく研究手法も明確ではないことから、「科学的ではない」と言われることもまだ多い。学生が卒論で「森林教育をテーマにしたい」というと、「研究にはならない」と言われることもあるのではないだろうか。森林(科学)が、人類にとって必要不可欠であり、今後さらに重要な役割が期待されるのであるならば、それをどう伝え、教えるかという「森林教育学」もまた、専門分野として必要であろう。森林教育活動の実践者は、「森林ではどんな教育活動ができるのか」、「どうしたらもっと子どもたちの関心を高めることができるのか」など、日々悪戦苦闘している。森林を専門とする学問として森林科学は、こうした悩みに答える理論的な裏付けをもつ必要があるだろう。たとえそれが、実験的に証明することができる自然科学の範疇を越えた領域にある研究課題であったとしても。そこに「森林教育学」構築の必要性を感じている。

「森林教育」は、森林科学の主要な課題のひとつとなるだろう。「森林教育学」は、「林業教育」の実施以降、「農業教育」との違いを指摘されてきたなかで、未だに教育の内容や方法が十分に検討されてはいない、100年前からの忘れ物と考えている。現場に役立つ「森林教育学」の構築には、まだまだこれからも、実践者など多くの方々の協力が不可欠である。100年の計に根ざした森林科学の基礎科目として「森林教育学」が当たり前になる時代が、間もなくやって来るに違いない。

本書が、森林での教育活動を行っている実践者の方々や、森林行政担当者、学校教育関係者、さらには森林教育に関心をもつ学生や多くの方々の力となり、森林教育活動が全国でさらに展開されること、ひいては素晴らしい魅力をもつ森林に興味を抱く人々が増えてゆき、豊かで素晴らしい日本の森林と、森林を活用してきた日本の林業や地域の文化が次の世代に引き継がれてゆくことを願って。

2015年1月　井上真理子

文献・実践に役立つ情報 一覧

1. 文　献

(1) 引用・参考文献

第1章

塩谷　勉(1986):林学教育の始まり. 林業経済451:1-6.
茂山茂樹(1964):林業教育史. 山林935:30-45.
竹本太郎(2009):学校林の研究. 農山漁村文化協会. 446pp.
比屋根 哲(2003):森林環境教育(森林計画学. 木平勇吉編. 朝倉書店). 204-221.
ヘフナー, ペーター(2009):ドイツの自然・森の幼稚園. 公人社. 157pp.
農林水産奨励会(2010):高校林業教育の充実を目指して. 175pp.
三浦しをん(2009):神去なあなあ日常. 徳間書店. 290pp.
依光良三(1985):日本の森林・緑資源. 東京経済新報社. 208pp.

第2章

朝岡幸彦編(2005):新しい環境教育の実践. 高文堂出版. 194pp.
安彦忠彦(2012):現代学校教育大事典(新版). ぎょうせい. 7分冊.
阿部　治・川嶋　直(2012):ESD拠点としての自然学校. みくに出版. 311pp.
江原武一・山﨑高哉(2007):基礎教育学. 放送大学教育振興会. 248pp.
尾関周二・亀山純生・武田一博・穴見愼一(2011):<農>と共生の思想――<農>の復権の哲学的探究. 農林統計出版. 299pp.
降旗信一・朝岡幸彦(2006):自然体験学習論――豊かな自然体験学習と子どもの未来. 高文堂出版社. 266pp.
降旗信一・高橋正弘編(2009):持続可能な社会のための環境教育シリーズ1　現代環境教育入門. 筑波書房. 221pp.
門脇厚司(2010):社会力を育てる――新しい「学び」の構想. 岩波書店. 231pp.
国立教育政策研究所教育課程研究センター(2007):環境教育指導資料(小学校編). 東洋館出版社. 108pp.
国立教育政策研究所(2012):学校における持続可能な発展のための教育(ESD)に関する研究(最終報告). 354pp. 〈http://www.nier.go.jp/kaihatsu/pdf/esd_saishuu.pdf〉.
国立青少年教育振興機構(2010):「子どもの体験活動の実態に関する調査研究」報告書.

〈http://www.niye.go.jp/kenkyu_houkoku/contents/detail/i/62/〉.
自然体験活動研究会編(2011):野外教育入門シリーズ第1巻 野外教育の理論と実践. 杏林書院. 194pp.
志水宏吉(2005):学力を育てる. 岩波書店. 224pp.
長澤成次編(2010):社会教育. 学文社. 176pp.
西村仁志(2013):ソーシャルイノベーションとしての自然学校. みくに出版. 176pp.
田中壮一郎編(2012):体験の風をおこそう. 悠光堂. 159pp.
日本環境教育学会(2012):環境教育. 教育出版. 213pp.
日本環境教育学会編(2013):環境教育辞典. 教育出版. 341pp.
ヴァンダースミッセン・ベティー(1997):これからの野外教育. 野外教育研究1(1):3-18.

第3章

国際農林業協働協会(JAICAF)(2010):世界森林資源評価2010(国際連合食糧農業機関:FAO). 〈http://www.jaicaf.or.jp/fao/publication/shoseki_2010_4.pdf〉.
林野庁(2014):平成25年度 森林・林業白書 / 平成26年版 森林・林業白書. 〈http://www.rinya.maff.go.jp/j/kikaku/hakusyo/25hakusyo/zenbun.html〉.
林野庁:都道府県別森林率・人工林率. 〈http://www.rinya.maff.go.jp/j/keikaku/genkyou/index2.html〉.
三内丸山遺跡(青森県青森市). 〈http://sannaimaruyama.pref.aomori.jp/〉.
法隆寺(奈良県斑鳩町). 〈http://www.horyuji.or.jp/〉.
林野庁(2012):平成24年木材需給表. 〈http://www.e-stat.go.jp/SG1/estat/List.do?lid=000001111774〉.

第4章

国土緑化推進機構(2007):学校林の現状調査(平成18年). 〈http://www.green.or.jp/fukyu/kids/schoolforest/〉.
小森伸一(2011)野外教育の考え方(野外教育の理論と実践. 自然体験活動研究会編. 杏林書院). 1-11.
関岡東生(1998):森林・林業教育がめざすもの(森林・林業教育実践ガイド. 全国林業改良普及協会編. 全国林業改良普及協会). 10-18.
比屋根 哲(2003):森林環境教育(森林計画学. 木平勇吉編. 朝倉書店). 204-221.
藤森隆郎(2001):森林生態系(森林・林業百科事典. 日本林業技術協会編. 日本森林技術協会). 497-498.
山本信次(2004):森林における総合的な学習とは何か(森で学ぶ活動プログラム集2. 全国林業改良普及協会編. 全国林業改良普及協会). 14-20.

第5章

池谷壽夫(1988)：子ども・発達・教育の見直しを(競争の教育から共同の教育へ．池谷壽夫ら編．青木書店)．73-74.

大住荘四郎(2002)：パブリック・マネジメント．日本評論社．224pp.

鎌原雅彦・宮下一博・大野木裕明・中澤　潤編(1998)：心理学マニュアル――質問紙法．北大路書房．187pp.

世古一穂編(2009)：参加と協働のデザイン．学芸出版社．237pp.

中澤　潤・大野木裕明・南　博文編(1997)：心理学マニュアル――観察法．北大路書房.159pp.

メリアム・S・B(堀　薫夫・久保真人・成島美弥訳)(2004)：質的調査法入門．ミネルヴァ書房．389pp.

八巻一成(2012)：森林における市民参加と協働を考える．森林科学 64：18-21.

山田容三(2009)：森林管理の理念と技術．昭和堂．225pp.

鷲谷いづみ(2008)：絵でわかる生態系のしくみ．講談社．173pp.

第6章

木山加奈子・井上真理子・大石康彦・土屋俊幸(2014)：全国における森林学習施設の設置状況――4 種のデータソースをもとにしたデータベース構築結果から．日本森林学会誌 96(1)：60-64.

国頭村環境教育センター(沖縄県国頭村)：やんばる学びの森．〈http://www.atabii.jp/〉.

きまま工房木楽里(木製品を作れる工房：埼玉県飯能市)．〈http://www.k-kirari.co.jp/index.html〉.

グリーンウッド自然体験教育センター(長野県泰阜村)．〈http://www.greenwood.or.jp/〉.

国立赤城青少年交流の家(群馬県前橋市)．〈http://akagi.niye.go.jp〉.

木平勇吉編(2010)：みどりの市民参加．日本林業調査会．197pp.

Shall We Forest TOKYO(林業体験活動を行う市民グループ：東京都桧原村)．〈http://www.shall-we-forest.net/about-swf.html〉.

重松敏則(1999)：新しい里山再生法．全国林業改良普及協会．181pp.

森林総合研究所多摩森林科学園(東京都八王子市)．〈http://www.ff pri.aff rc.go.jp/tmk/index.html〉.

辻　英之(2011)：奇跡のむらの物語～1000 人の子どもが限界集落を救う！農山漁村文化協会.

ドイツ・ミュンヘン市：森林体験センター・体験の小径(Wald erlebnis zentrum Walder-lebnispfad)．〈http://www.alf-eb.bayern.de/bildung/23735/index.php〉.

日本森林技術協会：秋田森の会・風のハーモニー(秋田県秋田市)．〈http://www.jafta.

or.jp/13_sanson_hp/jirei/yamajikara/jirei22_1.html〉.
浜口哲一(2007):森林を舞台にした博物館活動の一例――ガイドブックに結晶した自然観察会の積み重ね――.森林科学 49:11-14.
万博記念公園(大阪府吹田市):ソラード/森の空中観察路.〈http://www.expo70.or.jp/facility/nature/nature-03/〉.
林野庁(2005):平成 14 年度 森林・林業白書.〈http://www.rinya.maff.go.jp/j/kikaku/hakusyo/14gaiyou.html〉.

第7章

あきた森づくり活動サポートセンター(秋田県):〈http://www.forest-akita.jp/〉.
東京都・地域教育推進ネットワーク東京都協議会(2013):教育支援コーディネーター部会.〈http://www.syougai.metro.tokyo.jp/sesaku/net/netkyou0702.htm〉.

第8章

環境省(2012):2012 年度(平成 24 年度)温室効果ガス排出量(確定値)について日本の一人あたり CO_2 排出量(エネルギー起源)の推移.〈http://www.env.go.jp/earth/ondanka/ghg/2012yoin.ppt〉.
DIC グラフィックス株式会社(2010):日本の伝統色第 8 版.
林野庁編(2003):立木幹材積表・東日本編.日本林業調査会.

第9章

山形大学野堀研究室(野堀嘉裕)(2010):Forest Window ver. 2.28.〈http://homepage3.nifty.com/NOBO/〉.
森林総合研究所(松本光朗)(2011):収穫表作成システム LYCS ver. 3.3. 森林総合研究所 研究紹介――研究内容――データベース・プロダクト.〈http://www2 .ffpri.affrc.go.jp/labs/LYCS/〉.

(2) 本書の基礎となった著者文献

大石康彦

――(1998):森林・林業教育活動とインストラクター・インタープリテーション(林業技術ハンドブック.全国林業改良普及協会編.全国林業改良普及協会).305-316.
――(2000)里山教育のすすめ――教室では学べない――(里山を考える 101 のヒント.日本林業技術協会編.日本林業技術協会).184-185.
――・比屋根哲・山本信次(2004)市民と森林を結ぶ森林教育――森林教育研究が求められているもの――.東北森林科学会誌 9(1):42-45.

──(2004)自然の教育力──森林体験において自然はどのようにわたしたちに働きかけているかー．野外教育研究 8(1)：20-23.
──(2007)森林教育のひろがり．森林科学 49：4-5.
──・井上真理子・藤井智之・岩本宏二郎・伊東宏樹・井春夫(2008)高校生を対象とする科学教育・環境教育プログラムの効果．関東森林研究 59：67-70.
──・井上真理子(2009)森林教育って何だろう？──森林での体験活動プログラム集．Ⅰ概念編．14 pp；Ⅱ基礎プログラム編．87 pp.；Ⅲ活動事例編．32 pp.（森林総合研究所第 2 期中期計画成果 6).〈https://www.ffpri.affrc.go.jp/pubs/chukiseika/documents/2nd-chukiseika6.pdf〉.
──・井上真理子他(2012)小学生と取り組む生き物調査と環境教育．123 pp.（森林総合研究所第 2 期中期計画成果 25).〈http://www.ffpri.affrc.go.jp/pubs/chukiseika/documents/2nd-chukiseika25.pdf〉.
──・井上真理子(2012)森林体験活動の体系的整理──実践者の認識に基づく分析．野外教育研究 15(2)：1-12.
──・井上真理子(2014)わが国森林学における森林教育研究──専門教育および教育活動の場に関する研究を中心とした分析──．日本森林学会誌 96(1)：15-25.
──・井上真理子(2014)わが国森林学における森林教育研究──1980 年代から 1990 年代に開始された研究を中心とした分析──．日本森林学会誌 96(5)：274-285.

井上真理子

──(2006)：農業系専門高校における林業教育の現状と今後の役割．日本森林学会関東支部大会論文集 57：65-68.
──(2007)森林教育の軌跡．森林科学 49：28-32.
──・大石康彦(2010)森林教育が包括する内容の分類．日本林学会誌 92：79-87.
──・大石康彦(2011 a)：学校と外部指導者が連携して森林教育を行うための条件と課題──小学 5 年生「総合的な学習の時間」での実践事例をもとに．関東森林研究 62：49-52.
── and Oishi, Yasuhiko(2011b)：Outdoor and Nature Experience in Forests for Forest Education: Contents of Activities and Forest Place in Hachioji, Tokyo, Japan. Journal of Forest Planning 16：315-323.
──・大石康彦(2013a)戦後の専門高校における森林・林業教育の変遷と今後の課題──学習指導要領をもとにした分析．日本森林学会誌 95：117-125.
──・大石康彦(2013 b)：森林管理への理解を目的とした森林科学の教育プログラム開発──高校生のためのサイエンス・キャンプ「フォレスターに挑戦！」を事例として．関東森林研究 64(1)：9-12.

――・大石康彦(2013c)：多摩森林科学園における教育活動の取り組みの変遷．日本植物園協会誌 48：1-8.
――・大石康彦(2013d)：「教育のための森林」の公開のために必要な管理、運営に関する取り組み内容の分析――多摩森林科学園の一般公開を事例として．森林計画学会誌 47(2)：103-116.
――・大石康彦(2014)：森林教育に関する教育目的の構築――学校教育を中心とした分析．日本森林学会誌 96：40-49.

2. 実践に役立つ情報

[林野庁]

北海道森林管理局：石狩地域森林ふれあい推進センター(北海道札幌市)，常呂川森林ふれあい推進センター(北海道北見市)，釧路湿原森林ふれあい推進センター(北海道釧路市)，駒ヶ岳・大沼森林ふれあい推進センター(北海道函館市).〈http://www.rinya.maff.go.jp/hokkaido/introduction/gaiyou_kyoku/index.html〉.

関東森林管理局：赤谷森林ふれあい推進センター(群馬県沼田市)，高尾森林ふれあい推進センター(東京都八王子市).〈http://www.rinya.maff.go.jp/kanto/introduction/gaiyou_syo/index.html〉.

中部森林管理局：木曽森林ふれあい推進センター(長野県木曽町).〈http://www.rinya.maff .go.jp/chubu/kiso_fc/index.html〉.

近畿中国森林管理局：箕面森林ふれあい推進センター(大阪府大阪市).〈http://www.rinya.maff.go.jp/kinki/minoo_fc/index.html, http://www.rinya.maff.go.jp/kinki/minoo_fc/information/saxtusi.html〉.

四国森林管理局：四万十川森林環境保全ふれあいセンター(高知県四万十市).〈http://www.rinya.maff .go.jp/shikoku/simanto_fc/index.html〉.

法人の森林制度.〈http://www.rinya.maff.go.jp/j/kokuyu_rinya/kokumin_mori/katuyo/kokumin_sanka/hojin_mori/index.html〉.

ふれあいの森・協定締結による国民参加の森林づくり.〈http://www.rinya.maff.go.jp/j/kokuyu_rinya/kokumin_mori/katuyo/kokumin_sanka/kyouteiseido/kyoteiseido.html〉.

こども森林館森のひろば(森の子くらぶ施設一覧).〈http://www.rinya. maff .go.jp/kids/park/index.html〉.

[森林体験活動・指導者情報]

国土緑化推進機構：森づくりコミッションポータルサイト「森ナビ」.〈http://www.

morinavi.com/〉.
国土緑化推進機構：参加しよう森林ボランティア.〈http://www.green.or.jp/volun/〉.
日本自然保護協会：自然観察指導員 Topics.〈http://www.nacsj.or.jp/sanka/shidoin/index.html〉.
日本森林インストラクター協会：〈http://www.shinrin-instructor.org/〉.
自然体験活動推進協議会(CONE)：自然体験活動指導員.〈http://cone.jp/〉.
全国森林レクリエーション協会：森林インストラクター資格試験.〈http://www.shinrin-reku.jp/shikakushike/shikakushike_gaiyo.html〉.

［文部科学省］
国立青少年教育振興機構.〈http://www.niye.go.jp/〉.
国立教育政策研究所.学習指導要領データベース.〈https//www.nier.go.jp/guideline/〉.

［環境省］
環境省：巨樹・巨木林調査(生物多様性情報システム).〈http://www.biodic.go.jp/kiso/13_kyoju_f.html〉.
環境省：絶滅危惧種情報(生物多様性情報システム).〈http://www.biodic.go.jp/rdb/rdb_f.html〉.

［安全］
森林総合研究所(2010)：スズメバチ刺傷事故を防ぐために.〈http://www.ffpri.affrc.go.jp/pubs/chukiseika/documents/1st-chukiseika-5.pdf〉.
自然体験活動研究会編(2011)：野外教育入門シリーズ第2巻 野外教育における安全管理と安全学習.杏林書院.194pp.

（注）ホームページ情報はいずれも2015年1月現在

資料1　関係法令

「森林法」

明治30(1897)年制定、昭和26(1951)年全面改正、平成25(2013)年最終改正

「森林・林業基本法」

昭和39(1964)年制定(「林業基本法」)、平成13(2001)年改正

「環境基本法」

平成5(1993)年制定

「自然再生推進法」

平成14(2002)年制定

「環境教育等による環境保全の取組の促進に関する法律」

平成15(2003)年制定(「環境の保全のための意欲の増進及び環境教育の推進に関する法律」)、平成23(2011)年改正

「教育基本法」

昭和22(1947)年制定、平成18(2006)年改正

「学校教育法」

昭和22(1947)年制定、平成19(2007)年改正

「社会教育法」

昭和24(1949)年公布、平成13(2001)年地方分権一括法に伴う改正

「生涯学習の振興のための施策の推進体制等の整備に関する法律」

平成2(1990)年制定

資料2　森林教育史

1872	明治5	「学制」領布
1878	明治11	樹木試験場(西ヶ原)設置
1881	明治14	小学校で科目「農業」設置
1882	明治15	東京山林学校設立
1886	明治19	小学校で科目「手工」設置
1895	明治28	「学校植栽日」訓示
1899	明治32	「実業学校令」 木曽山林学校、愛知県立農林学校、新潟県立農林学校、大分県立農業学校設立
1903	明治36	専門学校令
1934	昭和9	「愛林日」設置
1947	昭和22	「教育基本法」、「学校教育法」公布 「学習指導要領」告示(教科「職業」「社会科」新設)
1949	昭和24	「社会教育法」公布
1951	昭和26	「森林法」改正
1958	昭和33	「学習指導要領」改訂(中学校で教科「技術・家庭」新設)
1964	昭和39	「林業基本法」公布
1970	昭和45	「学習指導要領」改訂(専門高校林業関連科目が10科目設定され、戦後最大に)
1972	昭和47	国連人間環境会議(ストックホルム会議)で環境教育が提案
1975	昭和50	環境教育国際ワークショップ開催、ベオグラード憲章提示
1977	昭和52	「学習指導要領」改訂(小学校社会科で林業の記述が消える) 「林業普及指導事業実施要領」制定
1989	平成元	「学習指導要領」改訂(小学校社会科森林の記述復活、専門高校で学会再編が加速)
1990	平成2	日本環境教育学会設立 「生涯学習の振興のための施策の推進体制等の整備に関する法律」制定
1991	平成3	「環境教育指導資料」(環境省)刊行

		森林インストラクター資格認定開始
1992	平成4	環境と開発に関する国際連合会議(リオデジャネイロ)アジェンダ21
1993	平成5	「環境基本法」公布
1997	平成9	環境と社会に関する国際会議(テサロニキ会議)、日本野外教育学会設立
1998	平成10	「学習指導要領」改訂
1999	平成11	中央森林審議会の答申で「森林環境教育」提唱
2000	平成12	学習到達度調査(PISA)OECDにより開始
2001	平成13	「森林・林業基本法」改正
2002	平成14	学校教育で「総合的な学習の時間」実施
		森林・林業白書で森林環境教育が初めて明示
		「遊々の森」制度(林野庁)開始
		「自然再生推進法」公布
2003	平成15	「環境の保全のための意欲の増進及び環境教育の推進に関する法律」制定
2004	平成16	北海道水産林務部のプロジェクトで「木育」提唱
2006	平成18	「教育基本法」改正
2007	平成19	「学校教育法」改正
2008	平成20	「子ども農山漁村交流プロジェクト」(農林水産省、文部科学省、総務省)開始
		「学習指導要領」改訂(中学校技術科単元「生物育成」新設)
2011	平成23	「環境教育等による環境保全の取組の促進に関する法律」改正

資料3　森林教育活動の企画ワークシート*

*各ワークシートは海青社のHPからダウンロードできます。
http://www.kaiseisha-press.ne.jp/catalogue/ISBN978-4-86099-285-9.html

ここでは、7章[実践ノウハウ]で解説した森林教育活動を実践する際に使用する、ワークシート4種類を紹介する。→【(1)プログラムデザインワークシート】、【(2)森林体験活動40種カード】、【(3)森林体験活動を考えるワークシート】、【(4)活動案フォーマット】

【(1) プログラムデザインワークシート】

「プログラムデザイン」 ワークシート

「プログラムデザイン」は、実施者のねらい、学習者のニーズ、実施条件を明らかにする作業です。
以下の各項目を考えて書き込んでみましょう。

活動名：

日　時：

場　所：

学習者：

指導者・スタッフ：

ねらい：

育てたい力（ねらいを達成するために具体的な目標を設定します）

【(2) 森林体験活動40種カード──1】

体験活動カード	体験活動カード	体験活動カード	体験活動カード
自然を利用した遊び	自然に親しむゲーム	心身の健康のための休養	野生生物の調査
活動内容：秘密基地や隠れ家づくり、木登り、落ち葉遊び（落ち葉の山の上で飛び跳ねたりうずもれるなど）、草花遊び（草笛や笹舟など）、川・沢遊びなどをします。	活動内容：自然に親しみ、気づきをはぐくむゲームをします。（ネイチャーゲームなど）	活動内容：心身の健康のために自然の中に身をおき、休んだり歩いたりします。（森林浴など）	活動内容：保護のために動物、昆虫、植物などの生物やその生息環境を調査します。

体験活動カード	体験活動カード	体験活動カード	体験活動カード
自然に親しむ散歩、散策	花見・紅葉狩り	野生生物の保護のための繁殖、飼育	野生生物の保護のための生息環境の整備
活動内容：自然に親しむために自然の中を歩きます。（散歩、遠足、ナイトハイクなど）	活動内容：春の花、秋の紅葉など四季の自然を楽しみます。	活動内容：保護のために動物、昆虫などの飼育繁殖や植物の苗木育成、植え付けなどをします。	活動内容：保護のために動物、昆虫、植物などの生物の生息環境の整備（草刈り、落ち葉かき、伐採、植樹、清掃など）をします。

体験活動カード	体験活動カード	体験活動カード	体験活動カード
生物の観察・学習	環境の観察・学習	観察や学習のための動植物採集	燃料の採取
活動内容：動物や昆虫、植物など生物を観察・学習します。	活動内容：水や土、地形などを観察・学習します。	活動内容：観察や学習のために動物、昆虫、植物など生物を採集します。	活動内容：燃料にするためにたき木や落ち葉などを集めます。

体験活動カード	体験活動カード	体験活動カード	体験活動カード
施設の見学	林業の見学	工作・クラフトのための材料採取	食材の採取
活動内容：自然の中にある施設（ダムなど）を見学します。	活動内容：林業作業（伐採、製材など）を見学します。	活動内容：工作やクラフトの材料にするために木、竹、木の実、草花などをとります。	活動内容：食べるために山菜やキノコ、木の実、魚などをとります。

【(2) 森林体験活動40種カード――2】

体験活動カード	体験活動カード	体験活動カード	体験活動カード
堆肥つくり	環境整備	遊具作り	植樹・植林
活動内容:	活動内容:	活動内容:	活動内容:
堆肥をつくるために落ち葉掃き(落ち葉集め)をして積みます。	自然環境を整備するために剪定、伐採、草刈り、清掃などをします。	屋外に遊具をつくります。(ターザンロープ、木のブランコ、シーソーなど)	木を育てるために苗木を植えます。
体験活動カード	体験活動カード	体験活動カード	体験活動カード
小屋・ツリーハウスづくり	歩道作り	下刈り・下草刈り	枝打ち
活動内容:	活動内容:	活動内容:	活動内容:
小屋やツリーハウスをつくります。	散策路、歩道、作業路など歩道をつくります。	育てる木の生長を助けるために、周囲の草を刈り払います。	良質な木材を得るために、余分な枝を切り落とします。
体験活動カード	体験活動カード	体験活動カード	体験活動カード
間伐・除伐	伐採	工作・クラフト	自然の恵みの食体験
活動内容:	活動内容:	活動内容:	活動内容:
森林を健全にするために、木の間引き伐採をします。	木材を収穫するために、木を伐採します。	木工、つる細工、竹細工、草木染めなど自然の素材を使った作品作りをします。	山菜や木の実などを食べます。
体験活動カード	体験活動カード	体験活動カード	体験活動カード
キノコ栽培	炭焼き	キャンプ	野外料理・食事
活動内容:	活動内容:	活動内容:	活動内容:
木を伐採してホダ木をつくり、菌を植えてキノコを育てます。	木を伐採して炭を焼きます。	テントを張り野営します。	野外で飯ごう炊さんや自然の素材を使った料理をして食べます。

【(2) 森林体験活動40種カード――3】

体験活動カード	体験活動カード	体験活動カード	体験活動カード
創作活動	舞台芸術	アスレチック ロープスコース	ゲレンデスキー スノーボード
活動内容： 自然を対象に写真を写したり、絵を描いたり、詩を創作するなどします。	活動内容： 自然の中でコンサートやライブ、演劇、オペラ、ダンスなどの舞台を演じ鑑賞します	活動内容： フィールドアスレチックなどに挑戦します。	活動内容： スキー場でスキー・スノーボードをします。（ゲレンデスキー）

体験活動カード	体験活動カード	体験活動カード	体験活動カード
展覧会・ギャラリー	ハイキング、登山	バックカントリー スキー・スノーボード	冒険コース
活動内容： 自然の中で絵や写真などの作品を鑑賞します。	活動内容： 自然環境をいかして歩いたり、登ったりします。	活動内容： ゲレンデではないところでスキー・スノーボードをします。（バックカントリースキー）	活動内容： 自然環境をいかして冒険的な活動に挑戦します。（沢登り、道をはずれた登山）

【(3) 森林体験活動を考えるワークシート】

40活動から森林体験活動を考えるワークシート
活動名：
日時：
場所：
学習者：
指導者・スタッフ：
ねらい：
主活動群
補助活動群

【(4) 活動案フォーマット──1】

森林教育活動案

作成：　年　月　日（　　　）

活動名

時　　期　　年　月　日（　）　：　～　：
予備日：　月　日（　）

天　　候

所要時間　時間

場　　所　　（　市　）

対 象 者　　（　名）

指 導 者　名

スタッフ　名

当日の動き
：　現地集合　：　現地解散

1．ねらい

2．育てたい力（評価の観点）

3．事前準備（道具・資材、服装や持ち物の指示）
<所要物品>

<事前準備>

<事前指示>
服装：
持ち物：

<前日準備>

<当日準備>

4．プログラムの展開

活　　動	ね　ら　い

5．留意事項
・安全面の配慮

・指導のポイント

【(4) 活動案フォーマット──2】

6. 活動の内容

時間	活　　動	支　援	準　備　等
分 ：－：			
分 ：－：			
分 ：－：			
分 ：－：			
分 ：－：			
分 ：－：			
分 ：－：			
分 ：－：			

7. 資料・ワークシート　［ファイル名］

索　引

（※太字は主要な解説ページを示す）

A ～ Z

あ　行

か　行

さ　行

た 行

な 行

は 行

●編著者

大石 康彦（OISHI Yasuhiko）

森林総合研究所　多摩森林科学園　教育的資源研究グループ長

専門分野：森林教育、野外教育、環境教育

主な著書・論文：「森林体験活動の体系的整理──実践者の認識に基づく分類──」（野外教育研究15-2、2012）、「わが国森林学における森林教育研究──専門教育および教育活動の場に関する研究を中心とした分析──」（日本森林学会誌96-1、2014）、「わが国森林学における森林教育研究──1980年代から1990年代に開始された研究を中心とした分析──」（日本森林学会誌96-5、2014）、『森を調べる50の方法』（共著、東京書籍、1998）、『魅力ある森林景観づくりガイド』（共著、全国林業改良普及協会、2007）

受賞歴：日本野外教育学会優秀論文賞（日本野外教育学会、2014）

［3章、4.2節、6.1.1項、6.2節、6.3.1項、6.4.3項、7章、8章、9.1～9.2節、9.4項］

井上 真理子（INOUE Mariko）

森林総合研究所　多摩森林科学園　主任研究員

専門分野：森林教育、林業教育

主な著書・論文：「日本の社会における『森林─人間社会』関係モデルの構築」（森林計画学会誌30、1998）、「戦後の専門高校における森林・林業教育の変遷と今後の課題」（日本森林学会誌95-2、2013）、『高等学校用森林経営』（共著、文部科学省、2004）、『日本の森林と林業』（共著、大日本山林会、2011）

受賞歴：黒岩菊朗記念研究奨励賞（森林計画学会、2000）
日本野外教育学会優秀論文賞（日本野外教育学会、2014）

［1章、2章、4.1節、4.3節、5.1～5.3節、6.1.2項、6.3.2項、6.4.1項、9.3節、9.5～9.6節］

●分担執筆

野田　恵（NODA Megumi）

東京農工大学　非常勤講師

専門分野：環境教育、社会教育

主な著書・論文：「ローカルな知を学ぶ自然体験学習の可能性と課題──長野県泰阜村あんじゃね自然学校の事例から」（日本の社会教育52、2008）、『自然体験論』（単著、みくに出版、2012）

［5.4節、6.4.2項］

［ ］内は執筆箇所を示す。

しんりんきょういく
森林教育

発行日────2015年3月23日　初版第1刷
定　価────カバーに表示してあります
編著者────大石康彦
　　　　　　井上真理子
発行者────宮内　久

〒520-0112　大津市日吉台2丁目16-4
Tel. (077) 577-2677　Fax (077) 577-2688
http://www.kaiseisha-press.ne.jp
郵便振替　01090-1-17991

 ● ISBN978-4-86099-285-9　C3061　● Printed in JAPAN
● 乱丁落丁はお取り替えいたします